Gary Vaynerchuk

Zwölfeinhalb Soft Skills für beruflichen Erfolg

zwölf einhalb soft skills

für beruflichen Erfolg

Mit diesen Eigenschaften schöpfen Sie Ihr Potenzial nachhaltig aus

BOOKS4SUCCESS

Die Originalausgabe erschien unter dem Titel
Twelve and a Half: Leveraging the Emotional Ingredients Necessary for Business Success
ISBN 978-0-06-267468-5

Übersetzung: Irene Fried
Autorenfoto Gary Vaynerchuk: Stephen Skaar
Cover, Satz und Herstellung: Daniela Freitag
Lektorat: Jana Siegemund
Druck: CPI books GmbH, Leck, Germany

ISBN 978-3-86470-807-7

Bibliografische Information der Deutschen Nationalbibliothek:
Die Deutsche Nationalbibliothek verzeichnet diese Publikation in der Deutschen Nationalbibliografie; detaillierte bibliografische Daten sind im Internet über <http://dnb.d-nb.de> abrufbar.

Postfach 1449 • 95305 Kulmbach
Tel: +49 9221 9051-0 • Fax: +49 9221 9051-4444
E-Mail: buecher@boersenmedien.de
www.plassen.de
www.facebook.com/plassenbuchverlage
www.instagram.com/plassen_buchverlage

Für alle Unternehmerinnen und Unternehmer, Gründerinnen und Gründer, Führungskräfte, Managerinnen und Manager, Mitarbeiterinnen und Mitarbeiter, Mütter, Väter und ältere Geschwister, die den Mut haben, sich zu verbessern, um jene anzuführen, die zu ihnen aufsehen.

Inhalt

EINLEITUNG

Vor einigen Jahren stand das schwierigste Gespräch mit einer Kundin an, das ich in meiner beruflichen Laufbahn je führen musste.

Genauer gesagt mit einer Topmanagerin von einer der größten Marken, die wir bei VaynerMedia – einer modernen Kreativ- und Medienagentur, der ich als CEO vorstehe – betreuten. Sie rief mich an und bat um ein Treffen im Zentrum Manhattans. Sie wollte persönlich mit mir sprechen.

An diesem Tag hatte eine Neueinsteigerin in meiner Firma versehentlich einen Tweet vom Twitter-Konto des Kunden gepostet, in der Annahme, sie wäre über ihr Privatkonto eingeloggt. Einen ziemlich negativen Tweet über eine andere Agentur, mit der wir zur Betreuung der besagten Marke zusammenarbeiteten. Für Dritte sah es so aus, als hätte sich die Marke abfällig über die Agentur geäußert.

Das Treffen war recht kurz. Die Managerin informierte mich, dass sie erwarte, dass so etwas nicht wieder vorkomme, und forderte mich auf, angemessene Protokolle und Systeme einzurichten, um das sicherzustellen.

Und dann sagte sie: „Unser Unternehmen kann nur unter einer Bedingung weiter mit Ihnen zusammenarbeiten: wenn Sie die Senderin des Tweets entlassen."

Ich brauchte nur etwa eine Hundertstelsekunde, um darüber nachzudenken.

Und antwortete ihr: „Das kann ich nicht tun."

Ich musste in der Lage sein, mein Geschäft selbst zu führen und eigene Entscheidungen bezüglich meiner Mitarbeiter zu treffen. Der Managerin stand jede Möglichkeit offen, uns zu feuern, sollte sie es für notwendig erachten. Es musste jedoch meine Entscheidung bleiben, welche Konsequenzen dieser Tweet haben würde.

Sie war überrascht. Immerhin generierten wir zu der Zeit etwa 30 Prozent unseres Gesamtumsatzes mit dieser Marke.

Innerlich rechnete ich damit, dass sie sich von uns trennen würden. Aber ich wusste auch: Wir generierten gerade so viele neue Aufträge, dass wir uns ein Jahr ohne Gewinn leisten konnten. Zudem hatte ich genügend gespart, um bei Bedarf die Zeit zu überbrücken, sollten wir in diesem Jahr Verluste einfahren. Wenn wir diese Krise überstehen könnten, wäre das ein deutliches Zeichen für unsere Mitarbeiter, worauf wir wirklich Wert legen.

Dieses Gespräch markierte einen jener interessanten Momente, in denen man entscheiden muss, wofür man wirklich steht. Wir vereinbarten ein Telefonat für den darauffolgenden Tag und ich blieb standhaft. Zum Glück gab uns die Kundin nicht den Laufpass.

Ich erzähle diese Geschichte, weil die moderne Gesellschaft ihre Definition einer „fundierten unternehmerischen Entscheidung" unverhältnismäßig stark auf Analytik ausrichtet. Führungskräfte tendieren dazu, sich im „Schwarz-Weiß" sicher zu fühlen. Sie finden Halt in der Wissenschaft, der Mathematik, in konkreten Daten und dem, was in einer Tabellenkalkulation gut aussieht.

Wie wirksam Empathie, Freundlichkeit und Selbstbewusstsein an 30, 60, 90, 365 oder sogar 730 Tagen in einer Organisation sind, ist schwieriger zu messen. Die Resultate dürften aber entscheidend sein. Wenn man Angst aus der Organisation eliminieren kann, hat dies überaus positive Auswirkungen. Wenn Mitarbeiter ihre Zeit nicht damit verbringen müssten, sich gegenseitig zu übertrumpfen und aus dem Spiel zu kicken, könnten sie tatsächlich anstehende

Aufgaben bewältigen. Ich weiß nicht, welches sechsjährige Mädchen aus Tennessee das System erfinden wird, mit dem das zu bewerten sein wird, aber eines Tages wird es möglich sein. Und damit dürfte sich dieses Maß an gesundem Menschenverstand und menschlicher Wahrheit lohnen.

Speziell in Großunternehmen beruhen zahlreiche Entscheidungen auf den Quartalszahlen. Diese Praxis geht auf die Wall Street und auf Wirtschaftsschulen zurück, wo man jedes Quartal anhand seiner Leistung beurteilt wird. Das kann zu Kurzfristverhalten führen, auch wenn viele von uns eigentlich vorhaben, in den kommenden 5, 10, 20 oder gar 50 plus Jahren geschäftlich aktiv zu sein.

Die Fokussierung auf kurzfristige Kennzahlen kann leider auch bewirken, dass emotionale Intelligenz zwar „vorteilhaft", aber keine Voraussetzung ist. Dadurch entsteht ein Umfeld, in dem Führungskräfte wegschauen, wenn ein Mitarbeiter allen anderen im Büro das Leben schwer macht, nur weil ebenjener Mitarbeiter zufällig den meisten Umsatz generiert. Und es führt dazu, dass Menschen den Eindruck gewinnen, dass negatives Verhalten und ein schlechter EQ (Emotionaler Quotient) schlichtweg die Begleiterscheinungen sind, wenn man „etwas vom Geschäft versteht".

Bei meinem Eintritt in die Geschäftswelt in den späten 1990er-Jahren wurde dieses Schwarz-Weiß-Denken in den Himmel gelobt. Dass Soft Skills der Schlüssel zum Aufbau eines erfolgreichen Unternehmens sein könnten, wurde damals nicht gesehen. Ich kann mich nicht erinnern, dass diese Charakterzüge in der Mainstream-Geschäftswelt hervorgehoben wurden. Sie war von gnadenlosem Wettbewerb geprägt; sie war ein Unterfangen, in dem „nur die Starken überleben".

Ironischerweise glaube ich *auch*, dass nur die Starken überleben. Sich ganz auf seine Menschlichkeit einzulassen, ist meiner Ansicht nach die eigentliche Stärke, die dazu beiträgt, dass man überleben und sich entfalten kann. *Nicht* derjenige zu sein, der andere in einem Konferenzraum anschreit. *Nicht* der zähe Verhandlungspartner zu sein, der verbal aggressiv auftrumpft. Bis heute bin ich davon überzeugt, dass der stärkste Mensch jemand ist, der allen Widrigkeiten zum Trotz Freundlichkeit aufbringen kann. Die zwölf in diesem Buch beschriebenen Zutaten (zu der halben kommen wir später) sind zum Teil Eigenschaften, die mir im Laufe der Jahre zu Erfolg und Glück verholfen haben, aber auch andere, die ich beobachtet und bewundert habe: Dankbarkeit, Selbstbewusstsein, Verantwortung, Optimismus, Empathie, Freundlichkeit, Hartnäckigkeit, Neugier, Geduld, Überzeugung, Demut und Ambition. Sicher ist das Schwarz-Weiß-Denken immer noch vorherrschend; weitaus wichtiger ist aber, über Soft Skills zu verfügen.

Ich bin mir sehr wohl bewusst, dass es 15 bis 50 weitere Eigenschaften gibt, die es in das Buch hätten schaffen können. Diese zwölf stachen jedoch hervor, als mir auffiel, dass andere Führungskräfte diese Eigenschaften nicht ausreichend einsetzen und welchen Effekt diese Diskrepanz auf die Menschen um sie herum hatte. Zahlreiche Menschen erzählten mir in Konferenzsälen, bei Geschäftsessen, in Bussen und auf Flügen Geschichten, in denen diese zwölf Elemente missachtet wurden. Das Traurige an der menschlichen Natur ist unter anderem, dass eine ablehnende Haltung mehr Aussagekraft hat als eine positive Einstellung. Dabei ist eine treibende Kraft in meinem Leben, dem Positiven mehr Raum zu bieten. Es ist einer der Gründe, weshalb ich dieses Buch geschrieben habe: Um diese Charaktereigenschaften zu feiern und sie in der Geschäftswelt ins Rampenlicht zu rücken.

Die größte Herausforderung für mich war, diese Elemente herauszuarbeiten und sie zu artikulieren. Denn sie sind nicht greifbar. Sie lassen sich nicht in einer Tabelle abbilden oder messen. Als ich im Mai 1998 den Spirituosenladen meines Vaters betrat, war ich mir ihrer Bedeutung sicher nicht bewusst.

Ein großer Redner ist mein Vater nicht. Aber am Thanksgiving-Wochenende 2020, als ich bereits mit der Arbeit an diesem Buch begonnen hatte, erzählte er mir, dass er damals, als ich bei ihm anfing, nicht an das Konzept „Unternehmenskultur" glaubte. Da er aus der Sowjetunion stammte, hielt er Angst und Geld für die wirksamsten Motivationsquellen. Damit trieb er seine Karriere voran. Und heute? Heute hat bei ihm die positive Unternehmenskultur Vorrang vor allem anderen. Auch wenn es für ihn nicht selbstverständlich ist und er sich schwertut, es seinen Freunden zu erklären, so weiß er, dass sie von entscheidender Bedeutung ist, sagte er mir. Ich finde es poetisch – vor allem, wenn man bedenkt, wie selten mein Vater mit mir über Derartiges spricht.

Für mich ist dieses Buch befreiend, weil es mir das ermöglicht, was ich aufgrund meiner zerstreuten Kommunikation in den sozialen Medien nicht machen kann. Ich denke, meinen Erfolg verdanke ich zu einem Großteil der Demut. Sieht man sich nun aber ein einminütiges Video von mir an, in dem ich auf TikTok mit unheimlicher Überzeugung von einer Gelegenheit schwärme, könnte man sagen: „Zur Hölle mit dem Besserwisser." Sie werden feststellen, dass man bescheiden und neugierig sein und gleichzeitig seine Überzeugungen mit Vehemenz vertreten kann. Es ist kein Entweder-oder.

Im zweiten Teil werde ich diese zwölf Zutaten zu vollwertigen „Mahlzeiten" kombinieren und aufzeigen, wie man sie gemeinsam einsetzen kann, wenn man vor verschiedenen Herausforderungen im Geschäftsleben steht. Beispielsweise werden Verantwortung und Überzeugung oftmals als Gegenstück zu Empathie und Freundlichkeit angesehen, als Charaktereigenschaften, die mehr „Biss" haben. Eigenschaften wie Demut und Überzeugung, Ehrgeiz und Geduld, Dankbarkeit und Verantwortung könnten ebenfalls als Gegensätze interpretiert werden. Mit diesem Buch lernen Sie zu verstehen, wie viele *scheinbar* gegensätzliche Zutaten tatsächlich zusammenwirken können.

Diese zwölf Zutaten einzeln zu entwickeln, ist nur der Anfang. Der wahre Nutzen liegt in dem Wissen, wie man die Mahlzeit zubereitet. Selbst wenn alle zwölf bei Ihnen von Natur aus einen festen Platz einnehmen oder Sie das Glück hatten, sich einige durch Erfahrung aneignen zu können, müssen Sie immer noch wissen, wie man sie gemeinsam einsetzt. Sie müssen immer noch der „Chefkoch" sein, der die Zutaten „zubereitet".

Es gibt eine Zeit und einen Ort für einen Big Mac, aber ich würde ihn nicht gerade anbieten, wenn ich eine Mahlzeit für 25 strikte Veganer plante. Jedes Gericht, das Sie zubereiten, muss den Rahmen der Situation berücksichtigen, in der es serviert wird. In sämtlichen Geschäftsszenarien müssen diese zwölf Charaktereigenschaften unterschiedlich kombiniert zum Einsatz kommen. Etwas anderes mache auch ich nicht.

Nehmen wir an, Sie sind Chef einer Anwaltskanzlei und haben jemanden eingestellt, der in einem Armenviertel aufwuchs. Ihm sind die Sitten bei einem schicken Abendessen mit einem Klienten nicht bekannt, und am Ende kommt der Deal deshalb nicht zustande. An diesem Punkt müssen Sie Dankbarkeit und Verantwortung aus dem „Gewürzregal" nehmen. Sie müssen dankbar dafür sein, dass Sie überhaupt die Gelegenheit haben, ein eigenes Geschäft zu besitzen und diesen neuen Kunden zu gewinnen. Sie zeigen Verantwortung, indem Sie sich bewusst machen, dass Sie zwar die Person eingestellt, es aber versäumt haben, sie entsprechend einzuweisen. Und mit einem Mal wird alles andere zur Nebensache.

Keine dieser zwölf Zutaten kann ihre Wirkung entfalten, wenn im Kern keine Geduld vorhanden ist. Wenn Sie einen Kuchen backen, ist Geduld der Teigmantel. Man könnte meinen, Ambition widerspricht der Geduld. Ich bin allerdings der Ansicht, dass Geduld den Weg zu Ihren Ambitionen ebnet.

Oftmals verwirklichen Menschen ihre Ambitionen aufgrund der eigenen Unsicherheit nicht. In ihrem verzweifelten Bemühen, Erfolge zu erzielen, damit ihnen das Publikum zujubelt, nehmen sie letztlich Abkürzungen. Für solche Menschen ist es schwierig, ein bedeutendes Unternehmen aufzubauen, weil sie sich so sehr darauf konzentrieren, eine Million Dollar zu verdienen und Kleidung, Boote und andere schicke Sachen zu kaufen, ohne je Geduld entwickelt zu haben.

Was Sie beruflich auch tun, im Normalfall dürfte es den Großteil Ihrer Zeit in Anspruch nehmen. Daher ist Geduld eine durchaus sinnvolle Methode, Ihre Ziele zu erreichen. Mangelnde Geduld ist eine große Schwäche, die schon zu mehr Fehlentscheidungen geführt hat als jede andere Eigenschaft.

Bei Wine Library fällt mir das gelegentlich bei meinen Einkäufern auf, wenn wir Entscheidungen treffen und Verträge aushandeln. Sich zu vergegenwärtigen, dass die uns beliefernden Weinverkäufer über die nächsten 50 Jahre unsere Partner sein werden, ist zwingend notwendig. Darum habe ich bei Weindeals schon viel Geld verschenkt. Hätte ich die Verkäufer jedes Mal bis auf die Knochen ausgenommen, hätten sie nicht dieselbe Beziehung zu mir aufgebaut. Und es hätte wohl auch weniger Chancen in der Zukunft gegeben.

Bereits zu Beginn meiner Karriere war mir etwas bei einem unserer Einkäufer aufgefallen, der ein eindrucksvoller Verhandlungsführer war. Als ich mir jedoch die Beziehungen zu unseren Weinlieferanten genauer ansah, fiel mir auf, dass sie erstens auf seinen Verhandlungsstil mit einer Anhebung des Ausgangspreises reagierten und zweitens ihre Weine allmählich in anderen Läden anboten. Indem ich auf Geld verzichtete, erhielt ich noch mehr von den besten Weinen und hatte dazu einen besseren Ausgangspunkt in jeder Verhandlung.

Als CEO oder Manager braucht man zudem Geduld, wenn man Mitarbeiter in ihrer Entwicklung verfolgt. Viele meiner Partner und Angestellten taten sich anfänglich schwer in der Funktion, in der sie später zur Höchstform aufliefen.

Am wichtigsten ist, geduldig mit sich selbst zu sein, während man diese Zutaten entwickelt. Hat man das Gefühl, dass einem die Zeit davonläuft, wird man hektisch und ist anfällig für Fehlentscheidungen. Als ich mir auf *Netflix* „Das Damengambit" ansah, fiel mir auf, dass die Spieler immer hektischer wurden, je weniger Zeit auf der Schachuhr stand. Die gleiche Reaktion bemerkte ich in den Videos der besten Schachspieler. Ihre Körpersprache und ihre Entscheidungen wurden hektischer, wenn die Zeit zu einem Teil des Problems wurde.

Ich glaube, die meisten Menschen, die ein Unternehmen gründen und aufbauen, haben kein gutes Verhältnis zum Faktor Zeit. Sie verkennen ihn. Ihre Entscheidungen treffen sie aufgrund von Ereignissen mit niedriger Eintrittswahrscheinlichkeit – wie zum Beispiel vom Bus überfahren zu werden. Dabei vergessen sie, dass sie mit steigender Lebenserwartung womöglich 90 oder gar 100 Jahre alt werden könnten. Geduld hat mich davon abgehalten, gedanklich bei den schlechten Deals zu verweilen, die ich gemacht habe. Und sie hat es mir ermöglicht, in einem Familienunternehmen zu arbeiten, wo ich auf das Gehalt verzichtete, das ich anderswo hätte verdienen können. Aufgrund der Geduld konnte ich im Kleinen und Großen Rückschritte machen, ohne dass ich vor Mutlosigkeit gelähmt gewesen wäre.

Ich denke, mir bleibt sehr viel mehr Zeit zum Handeln. Ob das nun tatsächlich so ist oder nicht, bleibt dahingestellt. Ich jedenfalls fühle mich durch diese Einstellung jeden Tag enorm glücklich.

MEINE HALBE ZUTAT: FREUNDLICHE OFFENHEIT

Geduld und Ambition, Dankbarkeit und Verantwortung, Empathie und Überzeugung – viele dieser Charaktereigenschaften bringe ich ins Gleichgewicht, indem ich sie miteinander kombiniere. Ich arbeite daran, meine Freundlichkeit mit Offenheit auszubalancieren. Mir ist bewusst geworden, dass Freundlichkeit *ohne* Offenheit in meiner Organisation eine Anspruchshaltung schuf. Indem ich immer wieder ohne kritisches Feedback für positive Bestätigung sorgte, erzeugte ich eine Illusion, die zu Anspruchsdenken führte.

Ich reagiere instinktiv auf Konfrontation, folglich fiel es mir in meiner beruflichen Laufbahn meistens eher schwer, kritisches Feedback zu geben. Nach 24 Jahren als Unternehmer bin ich untröstlich, dass mich Menschen nicht mögen, weil ich es nicht schaffte, offen zu ihnen zu sein. Ich entließ sie, ohne ihnen ausreichend Feedback mitzugeben, oder schuf Situationen, die sie zwang, zu kündigen.

Das Schöne an der Offenheit, das Menschliche daran, konnte ich nicht sehen. Mir war nicht klar, dass Freundlichkeit genau genommen bedeutet, offen zu sein. Es fallen mir zahlreiche Gelegenheiten ein, wenn etwas freundliche Offenheit meinen Erfolg befördert hätte. All meine Unzufriedenheit im Leben und im Geschäft ist das Ergebnis meiner Unfähigkeit, dann freundliche Offenheit an den Tag zu legen, wenn es nötig war. Darum ist es meine halbe Zutat. „Halb" deshalb, weil bei jedem irgendetwas vorhanden ist. Egal für wie schlimm man sich selbst hält, dass Sie sich überhaupt einer Schwäche oder einer Diskrepanz bewusst sind, hat bereits den Prozess in Gang gesetzt, dass Sie an dieser unterentwickelten Fähigkeit arbeiten.

Meine Hälfte macht mir klar, wie wichtig die übrigen zwölf Zutaten sind. Dass ich mit freundlicher Offenheit noch nicht gut zurechtkomme, zumindest nicht so, dass ich ein ganzes Gericht damit zubereiten könnte, lässt mich erkennen, dass es Ihnen schaden wird, wenn eine der zwölf Zutaten fehlt. Es wird Sie einschränken. Es ist ein Indikator für Ihre Schwachstellen.

Wenn Sie dieses Buch lesen, möchte ich nicht, dass Sie sich deprimiert fühlen, wenn Sie herausfinden, was Ihre Hälfte ist. Vielmehr sollten Sie begeistert sein, denn je mehr Sie an ihr feilen, desto mehr Gutes wird Ihnen widerfahren. Vielleicht erkennen Sie, dass Sie unglücklich sind, weil Sie nicht freundlich sein können. Vielleicht verstehen Sie dann, warum Sie Ihre Praktikanten anschreien. Vielleicht bringen Sie ans Licht, warum Sie bei der Arbeit egoistisch sind. Vielleicht erkennen Sie, dass Sie nicht „vollkommen" sind. Ich bin dankbar, dass ich an der freundlichen Offenheit arbeiten kann, die eine enorme Bereicherung für die anderen zwölf Zutaten ist.

Das Wachstumspotenzial der meisten Unternehmen wird durch die emotionale Intelligenz ihrer Führungspersönlichkeiten begrenzt. Das gilt für Sportmannschaften genauso wie für Familien und souveräne Staaten. Jede einzelne Person, die ein Kind hat, ist ein Anführer. Jeder mit einem jüngeren Geschwister ist ein Anführer. Alle Tierbesitzer sind Anführer. Jeder, der auch nur eine Person zu managen hat, ist ein Anführer.

Dieses Buch wird Sie dabei unterstützen, Ihre Zutaten zu verfeinern und Ihre Führungsqualitäten zu verbessern. Die Qualität Ihres

Gerichts hängt davon ab, wie hochwertig Ihre Zutaten sind und in welchen Kombinationen Sie sie einsetzen.

Alle zwölf sind wichtig. Wenn eine Zutat über eine andere dominiert, wird das Gericht nicht schmecken. Was ist wichtiger? Der Fisch oder das Salz? Was ist beim Backen eines Kuchens wichtiger? Das Mehl oder die Eier? Die Antwort lautet stets: beides. Beide Zutaten sind gleichermaßen wertvoll, müssen aber in unterschiedlichen Situationen in verschiedenen Mengenverhältnissen eingesetzt werden. In Ihrem ganzen Leben müssen Sie zu unterschiedlichen Zeiten jeweils andere Zutaten verwenden.

So vieles an meinem unglaublichen Erfolg lässt sich darauf zurückführen, dass ich zwölf davon im Griff habe. Dass nicht jedes meiner Gerichte perfekt geschmeckt hat, lag daran, dass die freundliche Offenheit gefehlt hat.

Wie dieses Buch aufgebaut ist

Gleich zu Beginn von Teil I wird Ihnen auffallen, dass ich jede Zutat definiere und erläutere, wie sie sich auf Ihre Karriere und Ihr Leben als Ganzes auswirken kann. Dabei verdeutliche ich ein zentrales Konzept, das zugleich der wichtigste Satz in diesem Buch sein könnte: *Wenn Sie tatsächlich begreifen, wie bedeutungslos das Business im großen Ganzen Ihres Lebens ist, können Sie es genießen und möglicherweise ein schöneres Leben führen.* Die Menschen sehen in mir einen Unternehmer und Geschäftsmann. Könnte man in mir wie in einem Buch lesen, wären die meisten wohl schockiert, wie wenig ich mir tatsächlich aus dem Business mache.

Bevor Sie sich mit den folgenden Seiten beschäftigen, sollten Sie eines wissen: Wenn Ihnen das Leben als Ganzes mehr wert ist als der berufliche Erfolg, wird das Spiel um einiges einfacher und es macht deutlich mehr Spaß. Wenn Sie Glück über Geld, Aktien und öffentliche Bewunderung stellen, wird Ihr Arbeitsalltag langfristig nachhaltig. Manche Unternehmer, Manager und Gründer von erfolgreichen Firmen machen gelegentlich einen Burn-out oder Zusammenbrüche durch, weil sie die zwölf Zutaten nicht verwendet haben.

In Teil II gehen wir eine Vielzahl von Beispielen aus der Praxis durch, die aufzeigen, wie diese Zutaten in unterschiedlichen Kombinationen miteinander verwendet werden können. Zusätzlich haben Sie die Gelegenheit, über Ihre Reaktionen auf herausfordernde Situationen in Ihrem Berufsleben nachzudenken und auch darüber, was Sie heute – mit dem Wissen aus dem Buch – anders machen würden.

In Teil III gebe ich Ihnen praktische Übungen an die Hand, mit denen Sie jede Zutat entwickeln können, auch die freundliche Offenheit. Diese Übungen werden Ihre Überzeugung bezüglich Ihrer Stärken verbessern und Ihnen helfen, Unsicherheiten zu identifizieren, Ihre Hälften aufzudecken und in diesen Bereichen zu wachsen. Eine vollständige Aufstellung der weiterführenden Ressourcen finden Sie unter garyvee.com/twelveandahalfbook.

Mein Standpunkt ist skandalös einfach: Ich sehe das Business als Kunstwerk. Es kann meines Erachtens genauso schön wie eine Sinfonie oder ein Gemälde sein, wenn es korrekt betrieben wird.

Damit es aber je diesen Platz in der Gesellschaft einnehmen kann, muss uns bewusst werden, wie die zwölfeinhalb emotionalen Zutaten in diesem Buch als Katalysator für Erfolg im Business dienen können.

TEIL EINS

EMOTIONALE ZUTATEN

DANKBARKEIT

Die Eigenschaft, dankbar zu sein. Bereitschaft, Wertschätzung zu zeigen und Freundlichkeit zu erwidern.[1]

Gäbe es eine Rangliste, in der alle Menschen der Welt nach ihrem Gesamterfolg und ihrer Zufriedenheit aufgelistet wären (von 1 bis 7,7 Milliarden), welche Stelle würden Sie wohl einnehmen?

Notieren Sie Ihre Antwort hier: ____________ von 7,7 Milliarden.

Haben Sie Ihre Zahl? Großartig.

Der Weltgesundheitsorganisation WHO zufolge mangelt es 785 Millionen Menschen weltweit an einer elementaren Trinkwasserversorgung.[2] Das sind etwas mehr als zehn Prozent der Weltbevölkerung, und selbst zwei Millionen Amerikaner haben keinen Zugang zu hygienisch einwandfreiem Trinkwasser oder einer sanitären Grundversorgung.[3]

Haben Sie jeden Tag genug zu essen?

Im Jahr 2018 litten mehr als 820 Millionen Menschen weltweit an Unterernährung.[4]

Egal wie sehr Sie Ihren Job hassen – steht es Ihnen in irgendeiner Form offen, sich einen anderen Job zu suchen? Laut dem Global Slavery Index lebten 2016 40,3 Millionen Menschen in moderner Sklaverei.[5] Diese Menschen haben *wirklich nicht* die Möglichkeit, einfach zu gehen.

Haben Sie zu Hause eine richtige Toilette? Etwa 60 Prozent der Weltbevölkerung (also 4,5 Milliarden Menschen) haben keine Toilette, die menschliche Exkremente vernünftig entsorgt.[6]

Haben Sie zu Hause Highspeed-Internet? Etwa drei Milliarden Menschen haben *gar kein* Internet.[7] Und selbst 21 Millionen Amerikanern fehlt ein Breitbandanschluss.[8]

Und das Thema Einkommen haben wir noch nicht einmal angesprochen. Dem „Davos 2017 Global wage calculator" von *CNN* zufolge liegt das bereinigte jährliche Durchschnittseinkommen weltweit bei 20.328 US-Dollar.[9] In Russland beträgt es etwa 5.457 US-Dollar pro Jahr, in Brasilien 4.659 US-Dollar, in Indien 1.666 US-Dollar und in Malawi 1.149 US-Dollar.

Wie Sie sehen, gibt es zu viele Variablen, um Ihre genaue Position unter 7,7 Milliarden bestimmen zu können. Indem ich Sie mit all diesen Fakten konfrontiere, hoffe ich allerdings, Ihnen zu vermitteln, was tatsächlich in der Welt außerhalb Ihres direkten Umfelds vor sich geht.

Der richtige Blickwinkel und Dankbarkeit sind dabei meine Triebfedern. Ich bin in der ehemaligen Sowjetunion in Belarus zur Welt gekommen, mir ist also sehr wohl bewusst, wie viel schlimmer das Leben tatsächlich sein könnte. Womöglich wäre mir eine Flucht ohne das folgende Ereignis nicht möglich gewesen:

Im Jahr 1970 planten 16 Russen die Entführung eines Kleinflugzeuges. Die Gruppe behauptete, auf eine Hochzeit gehen zu wollen, insgeheim wollten sie jedoch das Flugzeug nach Schweden fliegen, um der Sowjetunion zu entfliehen. Ihr eigentliches Ziel war es, nach Israel zu gelangen. Doch der Plan ging nicht auf: Die Beteiligten wurden verhaftet und wegen Hochverrats ins Gefängnis gesteckt.

Gleichwohl lenkte dieses Ereignis die weltweite Aufmerksamkeit auf die Menschenrechtsproblematik in der Sowjetunion während des Kalten Krieges. In den USA berichteten die Medien über die geplante Flugzeugentführung, was die politische Landschaft veränderte. Wegen der erhöhten Aufmerksamkeit und des Drucks lockerte die Sowjetunion die Vorschriften und ließ letztendlich mehr Juden ausreisen.

Ich bin davon überzeugt, dass jene 16 Menschen den Lauf meines Lebens geändert haben.

Glück ist ein interessantes Wort. Wahrscheinlich würde ich meinen Erfolg zum Großteil eher meiner Hartnäckigkeit, meiner Ambition und anderen emotionalen Zutaten zuschreiben als dem Glück. Aber dass ich in jungen Jahren aus der Sowjetunion fliehen konnte, dabei spielte Glück sicherlich eine Rolle.

Die Menschen begreifen nicht, was tatsächlich in der Welt vor sich geht, weil ihre jeweilige Gemeinschaft wie eine Insel ist. Viele halten eine Million Dollar für den Punkt, an dem sich Erfolg *einstellt.* Viele Mitte 20-Jährige versuchen, es noch vor 30 „zu schaffen". Lebt man in einer Wohnung in Los Angeles oder einem Haus in Greenwich, Connecticut, kann man sich kaum die Tatsache vorstellen, dass Frauen in Afrika kollektiv 200 Millionen Stunden am Tag damit zubringen, Wasser zu holen.[10] Die Menschen sehen an jenen hoch, die einen höheren Rang einnehmen, aber nicht zu den Milliarden hinab, die einen niedrigeren Rang innehaben.

Jeder, der in einem Erste-Welt-Land ein Unternehmen leitet, führt bereits ein außergewöhnliches Leben. Ich denke nicht, dass den meisten Unternehmern bewusst ist, wie gesegnet sie tatsächlich sind. Auch wenn es eine Schinderei ist. Auch wenn es schwer ist. Und auch wenn es schlechte Tage gibt.

Vergessen Sie nicht – mehr als die halbe Welt hat nicht einmal eine richtige Toilette.

Sobald man Perspektiven entwickelt, ändert sich der zeitliche Rahmen, den man sich für seine Ziele setzt, ganz von allein. Während ich das schreibe, liegt die Lebenserwartung in den USA bei etwa 79 Jahren. Im Jahr 1930 lag sie bei 58, 1880 bei 39 Jahren.[11]

Auch wenn das Jahr 1880 sehr lange her zu sein scheint, ist es das nicht wirklich. Ein Großelternteil, das im Jahr 2021 91 Jahre alt war, kannte vermutlich Familienmitglieder, die mit 39 Jahren verstorben sind. Lebte man in der damaligen Zeit, musste man sein Leben selbstverständlich bereits mit 30 geordnet haben. Immerhin würde man neun Jahre später sterben!

Noch im Jahr 1930 starben die Menschen mit 58 Jahren. Im Alter von 30 war ihr Leben also bereits um mehr als die Hälfte vorbei.

Sollten sich die Zeitvorgaben für unsere Ziele mit zunehmender Lebenserwartung nicht ebenfalls erweitern? Sollten wir nicht damit zufrieden sein, erst später alles in ordentliche Bahnen zu bekommen?

Mit den Fortschritten in der modernen Medizin dürften viele von Ihnen mindestens 90 oder gar 100 Jahre alt werden. Wenn Sie 27 sind und den Job hassen, zu dem Sie sich fünf Jahre lang emporgearbeitet haben, ist es in Ordnung, einen Schritt zurück zu machen und sich einen anderen Job zu suchen. Wenn Sie mit 33 Jahren entscheiden, Ihr eigenes Geschäft zu gründen, nachdem Sie einen Abschluss auf einem Gebiet gemacht haben, das Sie nicht begeistert, sind Sie nicht „zu spät" dran. Eigentlich sind Sie sogar ein Glückspilz. Denn Sie leben in einer Zeit, in der die Zahlen dafürsprechen, dass Sie vermutlich noch weitere 60 Jahre leben werden. Ganz gleich, was gestern oder davor geschehen ist, Sie haben nach wie vor eine großzügig bemessene Zeitspanne vor sich.

Gestehen Sie sich umsichtig und ehrlich Ihre Fehltritte ein, aber hängen Sie sich nicht daran auf. Menschen geißeln sich und steigern sich in Dinge hinein, die vor 13 Jahren passiert sind: eine wenig erfolgreiche geschäftliche Partnerschaft, ein gescheitertes Start-up oder ein Boss, den man nicht mochte. Und diese werden zu einem Gefängnis für sie. Bei all der Zeit, die Ihnen noch bleibt, ist es unsinnig, sich in so etwas zu verstricken. Sollte ich jemals in diesen Morast geraten, nutze ich die Dankbarkeit, um mich davon zu befreien.

Ich musste in meinem Berufsleben einige große Enttäuschungen hinnehmen, über die ich vielleicht eine Stunde lang nachgedacht habe. Eventuell einen Tag, wenn es sich wirklich um einen Schlag in die Magengrube gehandelt hatte. Wieso sollte mich so eine Kleinigkeit so lange belasten? Ich erfülle die Mission meines Lebens, mache mein Ding. Selbstverständlich werde ich gelegentlich verlieren. Es ist wie im Basketball, wenn das Entscheidungsspiel verloren wird. Kommt vor. Angesichts der Enttäuschung ist Dankbarkeit mein Schachzug, mit dem ich begrenze, wie lang ich mich damit aufhalte.

Apropos aufhalten, ich brauche Ihre Hilfe: Schicken Sie mir eine E-Mail an gratitude@veefriends.com mit dem Betreff „The value of dwelling“ (Der Wert des Aufhaltens). Ich will wissen, was das ist.

Ich meine damit nicht den Wert der Trauer, und ich sage auch nicht, dass Sie sich keine Zeit zum Trauern geben sollten. Ich bin nur der Ansicht, wir sollten uns das Trauern für den Tod von Menschen aufheben und nicht für schlechte unternehmerische Entscheidungen. Welchen Wert hat es, sich mit etwas aufzuhalten? Was nur könnte daran zielführend sein, sich wochen-, monate- oder gar jahrelang wegen eines schlechten Ergebnisses Vorwürfe zu machen?

Ja, Susan hat Ihnen auf dem College das Herz gebrochen. Aber das ist vorbei. Sie ist jetzt 47 Jahre alt und hat drei Kinder.

Worauf ich mit diesem Buch hinaus will, ist, dass positive emotionale Zutaten für mehr nachhaltigen Antrieb sorgen als negative. Wenn Dankbarkeit der Quell Ihrer Energie ist, hält sie deutlich länger an als Energie, die sich aus Unsicherheit, Wut oder Enttäuschung speist.

Mir ist durchaus bewusst, warum man gern die Schattenseite als Energiequelle nutzt. Auch ich mag es, ein Underdog zu sein und viel zu erdulden. Wäre ich sonst ein Fan der New York Knicks und der New York Jets? Ich liebe es, zu verlieren. Es motiviert mich. Allerdings motiviert mich das Licht mehr als die Dunkelheit. Was zählt, ist das Gleichgewicht.

Wut – ob sie nun gegen einen selbst oder gegen andere gerichtet ist – kann für einen kurzfristigen Energieschub sorgen. Hat man aber die gewünschte Genugtuung erreicht, merkt man oft, dass sie nicht so ergiebig ist, wie man es sich vorgestellt hat. Viele möchten es gern ihren Eltern zeigen, weil diese an ihnen gezweifelt haben. Aber wenn es dann so weit ist, liegen die Dinge anders. Oftmals hat sich die Situation verändert: Entweder die Eltern sind nicht mehr da oder aber sie sind mit dem Alter milder geworden. Unsicherheit und Wut können immense Erfolgsfaktoren sein, aber ich bin nicht der Meinung, dass sie glücklich machen.

Wut und Missgunst sind eine schwere Bürde. Dankbarkeit hingegen ist leicht.

Faszinierend finde ich, wenn man der Ansicht ist, dass Dankbarkeit Selbstgefälligkeit hervorruft. Nicht zufällig sind *selbstgefällig* und *dankbar* zwei verschiedene Wörter. Die Definition von Selbstgefälligkeit ist „Ein Gefühl selbstgefälliger oder unkritischer Zufriedenheit mit sich selbst oder den eigenen Leistungen".[12] Das ist nicht dasselbe.

Ich kann beispielsweise meine Dankbarkeit von meinen Anforderungen an die finanzielle Struktur eines geschäftlichen Deals trennen. Werden diese Anforderungen nicht erfüllt, bin ich mit Sicherheit in der Lage, die Entscheidung zu treffen, ob ich den Deal eingehe oder nicht. Dasselbe gilt für die Arbeit in einem Unternehmen: Sie können dankbar sein, dass Sie einen Job haben. Aber wenn Sie das Gefühl haben, Sie werden unzureichend bezahlt, obwohl Sie drei Jahre lang Resultate geliefert haben, können Sie einen anderen Job annehmen, anstatt sich damit zufriedenzugeben.

Wie Sie in Teil II noch sehen werden, kann man durchaus dankbar *und* ambitioniert sein, dankbar *und* hartnäckig. Diese Eigenschaften müssen nicht auf Kosten der anderen gehen.

Möchten Sie wissen, woher meine Energie und mein Lächeln kommen, wenn Sie mich in den sozialen Medien sehen? Dankbarkeit ist der Grund dafür. Wenn ich morgens aufwache und es ist keine geliebte Person gestorben oder an einer unheilbaren Krankheit erkrankt, fängt mein Tag großartig an. Wenn es den mir nahestehenden Personen gut geht, geht es mir gut. Ich habe gewonnen. Abgesehen davon kann mich nichts aus der Fassung bringen.

Wenn Sie wirklich dankbar für das sind, was Sie haben, anstatt das zu neiden, was Sie nicht haben, werden Sie im Geschäftlichen und, viel wichtiger, im Leben zu dominanter Stärke finden.

SELBSTBEWUSSTSEIN

Bewusstes Wissen um den eigenen Charakter, Gefühle, Motive und Wünsche.[13]

Wenn es etwas gibt, das ich der Gesellschaft – abgesehen von guter Gesundheit – wünschen könnte, wäre es ein neues Medikament, mit dem alle diese emotionalen Komponenten entwickeln könnten. Wäre ich die Arzneimittelbehörde, würde ich dem Selbstbewusstsein Priorität einräumen.

Welchen Wert das Selbstbewusstsein hat, ist mir erstmals im Zeitraum von 2011 bis 2013 bewusst geworden, als das Interesse der Popkultur am Unternehmertum geradezu explodierte. Als ich sah, dass einige Studenten und Führungskräfte zu Start-up-Gründern wurden, war ich verwundert: Wieso ist ihnen nicht klar, dass sie keinerlei Chance haben? Warum versuchen sie, zur Nummer 1 (ein CEO) zu werden? Wieso erkennen sie nicht, dass sie sich besser als Nummer 2, Nummer 3 oder gar als Nummer 27 in einer Organisation eignen? Ist ihnen nicht bewusst, dass sie diesen Schritt nur gehen, weil sie ihn für cool erachten und nicht, weil es ihre Berufung ist?

Es gibt viele Gründe, warum Menschen versuchen, jemand zu werden, der sie nicht sind. Manchmal ist es schlicht eine Illusion. (Und das sage ich nicht aus Wut, sondern aus Mitgefühl.) Menschen, die einer Illusion unterliegen, sind sich ihrer Stärken und Schwächen nicht bewusst.

Überraschend war jedoch, dass viele von ihnen überhaupt nicht illusionär sind, tatsächlich sind sie sogar überaus selbstbewusst. Sie erkennen durchaus, dass sie keine Chance haben, also überkompensieren sie ihre Unsicherheiten, indem sie sich selbst mit Jobbezeichnungen wie CEO schmücken. Sie würden lieber „Unternehmer“ in ihre Instagram-Bios schreiben und in den Augen der Weltöffentlichkeit als erfolgreich gelten, anstatt auf ihre Stärken und Leidenschaften zu vertrauen und zu beginnen, nachhaltiges, langfristiges Glück aufzubauen.

Viele, die heute davon träumen, Unternehmer zu sein, hätten sich 1957 als Astronauten oder Piloten oder 1975 als Rockstars gesehen.

Selbstbewusstsein steht in einer engen Beziehung zu Selbstliebe und Selbstannahme. Gerade jetzt wird mir bewusst, dass es eine Sache ist, selbstbewusst zu sein. Aber eine völlig andere, in den Spiegel zu schauen und zu sagen: „Hey, du kannst X nicht gut.“ Das will nicht heißen, dass man sich selbst als Stück Dreck bezeichnet. Es heißt lediglich, sich eine Schwäche einzugestehen.

Unsicherheit führt häufig zu Ausweichverhalten. Die Menschen neigen dazu, den größten Bogen um die eigenen Fehler zu machen.

Wenn Sie sich sagen: „Du kannst kein Geschäft führen“, heißt das mitnichten, dass Sie nie eine erfolgreiche, erfüllte Karriere haben werden. Vielleicht können Sie eine persönliche Marke für sich als Influencer aufbauen. Vielleicht können Sie etwas als Führungskraft bewirken. Vielleicht sind Sie kein guter Geschäftsführer, weil Ihnen die Personalverwaltung keinen Spaß macht, dann könnten Sie einen Partner mit komplementären Fähigkeiten mit an Bord nehmen.

Wenn Sie sich selbst uneingeschränkt annehmen, haben Sie keine Angst mehr vor anderen. In den sozialen Medien und in natura fühlen sich Menschen tendenziell unwohl, wenn sie sich fehl am Platz fühlen. Sie denken, andere seien ihnen überlegen oder eine Unsicherheit, die sie zu verstecken suchen, würde offenbart. Dass ich gern Menschen um mich herum habe, liegt an einer Kombination aus Selbstbewusstsein und Demut. Niemand macht mir Angst.

Daher habe ich auch nicht das Bedürfnis, meine Ambition als Stütze einzusetzen, um von anderen akzeptiert zu werden. Die Selbstannahme hilft dabei, sich das Selbstbewusstsein zu eigen zu machen und dem nicht auszuweichen.

Den meisten Menschen würde ein wenig mehr Selbstbewusstsein zu etwas mehr Sicherheit in ihren Jobs verhelfen. Abgesehen von den wirtschaftlichen Vorteilen, die ranghöhere Führungspositionen mit sich bringen, hängt die Jagd nach Titeln zu 100 Prozent davon ab, was andere im Unternehmen von einem halten. Für mich waren Berufsbezeichnungen in vielen Firmen, an denen ich beteiligt bin, eher nebensächlich. Mir geht es vielmehr darum, dass jede einzelne Person, mit der ich interagiere, profitiert.

Der Fairness halber möchte ich erwähnen, dass Jobtitel zu wichtigen Ansatzpunkten werden, wenn man den Betrieb wechseln will. Wenn sich Mitarbeiter von mir einen anderen Titel wünschen, den ich ihnen nicht geben kann, bitte ich sie oft, wiederzukommen, wenn sie eine andere Stelle suchen. Dann würde ich ihnen eine doppelte Jobtitel-Erhöhung bieten, die sie auf LinkedIn nutzen können.

Aber innerhalb eines Unternehmens? Die, die sich zu sehr um Jobtitel Gedanken machen, sorgen sich hauptsächlich um die Meinung anderer.

Rückblickend stelle ich fest, dass ich schon immer Selbstbewusstsein besaß, selbst in meiner Jugend. Ich wusste, ich war Geschäftsmann, ein vollblütiger Unternehmer. Da ich als Sechstklässler bereits 1.000 Dollar mit dem Verkauf von Dingen verdiente, wusste ich, dass ich es schaffen würde, selbst wenn ich in der Schule nur Fünfer und Sechser schrieb. Aber ich war nicht nur der Ansicht, dass ich ein talentierter Geschäftsmann war; ich hatte sogar die Bestätigung des Marktes.

Ich war damals Unternehmer und werde es noch sein, wenn es in einem Jahrzehnt nicht mehr cool sein wird.

Selbstvertrauen erleichtert das Selbstbewusstsein. Ich bin bereit, einen sehr scharfen Blick in den Spiegel zu werfen und alle Probleme anzuerkennen, die ich im Leben habe. Ich bin bereit, mein jetziges Ich von der gewünschten Version meiner selbst zu trennen – was für diejenigen eine Herausforderung ist, die verunsichert sind.

Das Beste an der Anerkennung der eigenen Schwächen ist, dass man sich dann daran machen kann, sie zu umschiffen. Beispielsweise bin ich der Falsche, um ein Gemälde an eine Wand zu hängen, weil ich es nicht gern mache. Also werde ich mir jemanden suchen, der das übernimmt.

Aber es entspricht absolut meiner Arbeitsauffassung, 15 Stunden am Tag im Geschäft zu verbringen, weil ich es liebe.

Lange Texte oder E-Mails kann ich nicht lesen, daher habe ich stattdessen kurze 5 bis 15 Minuten dauernde Meetings mit meinem Team. Aber ich sage nicht: „Oh, ich müsste einen Privatlehrer engagieren." Anstatt meine Lesekompetenz von „schlecht" auf „okay" zu verbessern, verbringe ich diese Zeit lieber damit, meine Stärken von toll auf extraordinär zu entwickeln. Dafür braucht es Selbstannahme und Selbstliebe.

Gleichwohl bin ich der Meinung, dass man seine Schwächen verbessern muss. Bis zu einem gewissen Punkt.

Denn man muss ausreichend kompetent sein. Bei mir war die freundliche Offenheit so schwach ausgeprägt, dass es zu Problemen mit einigen aktuellen und ehemaligen Mitarbeitern führte. Also musste ich diese Eigenschaft verbessern. Aber ich überlaste diesen Punkt nicht, denn die meisten Menschen arbeiten ausschließlich an ihren Schwächen, nicht jedoch an ihren Superkräften. Ja, ich möchte meine Schwächen ausgleichen; mehr noch interessiert mich aber, meine Stärken ins Unermessliche zu steigern.

Ihre Schwächen vollständig abzuschreiben, so wie ich damals die Schule, ist vielleicht nicht möglich. Eventuell müssen Sie sie auf ein annehmbares Niveau heben. Sie aber von „annehmbar" auf „gut" zu bringen, ist oftmals zu viel Arbeit. Und noch öfter ist es den Aufwand einfach nicht wert. Ich möchte, dass Sie sich auf das konzentrieren, was Sie von Natur aus gut können. Die Ironie daran: Sie werden damit Ihre Schwächen tatsächlich wirkungsvoller ausgleichen, als wenn Sie versuchen würden, eine Schwäche in eine Stärke umzuwandeln. Mit anderen Worten: Der geschäftliche Erfolg ist de facto umso größer, wenn Sie diese Stärken intensivieren. Das liegt am Verhältnis von Zeit und Wirkung.

Mir war klar, dass ich freundliche Offenheit auf annehmbarem Niveau brauchte. Gleichzeitig weiß ich, dass ich nie der Beste darin sein werde. Und ich werde das nie so gut beherrschen wie andere Zutaten, beispielsweise Empathie. Nie im Leben.

Wenn Sie genau jetzt mit dem Lesen aufhören und damit anfangen, mehr zum Thema Selbstfindung von anderen Lehrern und über andere Formate zu lernen, dürfte das vorliegende Buch das beste sein, das ich je geschrieben habe. So sehr glaube ich an das Selbstbewusstsein.

VERANTWORTUNG

Die Tatsache oder Bedingung, rechenschaftspflichtig zu sein; Zuständigkeit.[14]

Nur zu gern übertragen Menschen die Schuld von sich auf andere. Das größte Missverständnis ist dabei, dass die Vermeidung von Verantwortung zu Glück führt, wenn es doch in Wahrheit das Gegenteil bewirkt.

„Mein Boss ist schuld, dass ich nicht ausreichend bezahlt werde."

„Sally hat mein Projekt vergeigt."

„Dafür ist Rick verantwortlich, weil er nicht kommuniziert hat."

„Der Markt ist einen Tag vor unserem Launch zusammengebrochen."

„Na ja, hätte der Kunde nicht diese Anforderungen gestellt ..."

Wenn Sie anderen die Schuld geben, gestehen Sie sich ein, dass Sie nicht länger die Kontrolle besitzen. Sie stärken die Position derjenigen Person(en), auf die Sie mit dem Finger zeigen, und Sie werden ein Opfer der Situation, in der Sie sich befinden.

Statt mit dem Finger auf andere zu zeigen, sollten Sie den Daumen auf sich selbst richten.

„Ich muss meinen Boss um eine Gehaltserhöhung bitten oder eine neue Stelle suchen."

„Ich muss bessere Rahmenbedingungen aufstellen, um künftig mit Sally zusammenzuarbeiten."

„Ich muss schnelle Feedbacktreffen mit Rick vereinbaren."

„Hätte ich nicht nach Gold gesucht (oder hätte ich während des Goldrausches schneller reagiert), wäre das nicht passiert."

„Wäre ich ehrlicher mit dem Kunden gewesen, wäre ich nicht in dieser Situation."

Wenn ich an Verantwortung denke, denke ich an eine Bremsung. Sie stoppt die schmerzhafte Dynamik, die entsteht, wenn man andere beschuldigt. Wenn Ihr Geschäftspartner Sie übers Ohr haut und Sie sich in einem dunklen Strudel der Vorwürfe verlieren, holt Verantwortung Sie da wieder raus. Wenn Sie zwei Menschen beim Streiten beobachten, wird Ihnen auffallen, dass sich der Diskussionsstil der gesamten Unterhaltung ab dem Moment ändert, wenn jemand einen Schritt in Richtung Verantwortung unternimmt.

Egal vor welchen Herausforderungen ich stehe, ich muss akzeptieren, dass ich in irgendeiner Form eine Entscheidung getroffen habe, die mich in diese Lage gebracht hat. Und wenn es meine Entscheidung war, die Situation bis jetzt zu ignorieren, muss ich mich auch dafür zur Verantwortung ziehen. Der Gedanke, dass jedes Problem in meinem Leben zu 100 Prozent mein Fehler ist, beruhigt und tröstet mich ungemein. Es begeistert mich, dass niemand sonst die Kontrolle hat. Wenn ich das Problem geschaffen habe, steht es in meiner Macht, es zu beheben. Habe ich das Problem nicht geschaffen, ist es weitreichender oder von untergeordneter Bedeutung, kann ich immer noch entscheiden, wie ich damit umgehe.

Die Zutat Verantwortung stellt für die meisten Menschen die größte Herausforderung dar, weil ihr Selbstwertgefühl auf dem Ergebnis ihrer Handlungen basiert. Die Schuld auf sich zu nehmen, wenn man nicht nett zu sich selbst ist oder optimistisch in die Zukunft sieht, ist schwer. Tut man es dennoch, ist man dem Urteil anderer schutzlos ausgeliefert.

Menschen fürchten die Meinung anderer und entwickeln einen Ego-Schutzmechanismus gegen die eigenen Fehler. Es ist eine Form der Vermeidung unter dem Deckmäntelchen einer Lösung.

Ich feuere Menschen an. Ich zeige meine Bewunderung. Trotzdem denke ich nicht, dass andere besser sind als ich. Und ich denke auch nicht, dass ich besser bin als sie. Wenn man die eigene Meinung nicht überbewertet, fällt es leichter, die Meinungen anderer nicht überzubewerten. Das gibt Ihnen die Freiheit, die Verantwortung zu übernehmen. Es ist einfach, der Welt zu sagen, „Ja, es ist meine Schuld“, weil nichts, was man über mich sagen könnte, mein Selbstwertgefühl belasten kann.

Möglich, dass Sie bestimmte Menschen täuschen können, indem Sie die Verantwortung abwehren. Das funktioniert nur nicht bei denen, die über eine stärkere emotionale Intelligenz verfügen als Sie selbst. Menschen mit einem hohen EQ sind in der Regel die beliebtesten oder die erfolgreichsten, und es nervt ungemein, wenn man gegen diese Gruppe einfach nicht ankommt.

Für sie ist es offenkundig, wenn Sie anderen den Schwarzen Peter zuschieben. Unglücklicherweise möchten viele ihr Leben damit verbringen, andere emotional schwache Akteure zu täuschen, um bei denen zu punkten, die ich-bezogen und angstbasiert sind.

Ich habe Mitgefühl mit denen, die die Übernahme von Verantwortung vermeiden, denn lange Zeit vermied ich es nicht nur, freundlich und offen zu sein, sondern ich ging auch der direkten Konfrontation aus dem Weg. Ich trieb es mit meiner Empathie zu weit und auch damit, die Verantwortung für die Schwächen und Fehler anderer zu übernehmen. Das hatte zur Folge, dass manchen Mitarbeitern nicht klar war, dass auch bei ihnen Verbesserungspotenzial vorhanden war. Dass ich freundliche Offenheit vermied, katapultierte mich stets in eine Situation, in der ich nicht sein wollte. Auf kurze Sicht wendete ich den Konflikt ab, aber in den mehr als 20 Jahren, die ich bei VaynerMedia und Wine Library bin, verließen einige Mitarbeiter die Unternehmen, weil ich ihnen kein angemessenes Feedback zu ihren Entwicklungsmöglichkeiten gab.

Ich lerne stetig, dass Führungskräfte freundliche Offenheit mit Verantwortung verbinden müssen. Zu viel Verantwortung kann für Manager und Mitarbeiter gleichermaßen letztlich der Ausgangspunkt für Ansprüche und Abneigung sein. Vielleicht macht es freundliche Offenheit einfacher, die Verantwortung zu übernehmen. Denn das bedeutet, dass Sie nicht passiv die ganze Schuld auf sich laden müssen.

Gibt es Reibereien mit einem Geschäftspartner, tragen Sie die Verantwortung dafür, sich selbst in diese Lage gebracht zu haben. Und dennoch können Sie der anderen Person bei Bedarf Feedback zukommen lassen. Es geht also beides.

Selbstverständlich ist finanzielle Stabilität im geschäftlichen Bereich die große Variable, die es einfacher machen kann, Verantwortung zu übernehmen. Geld zu sparen ist daher unverzichtbar.

Bei der Entwicklung dieser Komponente rate ich dazu, sich selbst diese wichtige Frage zu stellen: *Habe ich die Möglichkeit, meinen Job morgen zu kündigen?*

Die meisten können das nicht. Es ist eine Sache, wenn man 22 Jahre alt ist, gerade die Schule verlassen und keine Schulden hat. Aber wenn andere Verpflichtungen hinzukommen, geht es nicht mehr nur um einen selbst. Selbst wenn Sie denken, *Sie* könnten in einem kleineren Haus ohne all den Schnickschnack leben, haben Sie vielleicht Kinder, die alle ein eigenes Zimmer zum Lernen brauchen. Oder Ihre bessere Hälfte wünscht sich einen anderen Lebensstil.

Fühlen Sie sich gefangen? Wenn ja, ist es ein guter Anfang, sich Ihre Ausgaben anzusehen und herauszufinden, wo Sie Geld einsparen können, wenn Sie Verantwortung übernehmen wollen. Können Sie eine Stunde weiter vom Arbeitsplatz wegziehen, um Miete zu sparen? Immerhin akzeptieren mehr Unternehmen mobiles Arbeiten. Können Sie Dinge verkaufen, die Sie nicht mehr verwenden?

Je älter ich werde, desto mehr wird mir bewusst, wie sehr mein Glück davon abhängt, dass ich die Kontrolle habe. Dabei ist die finanzielle Kontrolle nur ein Aspekt. Die Kontrolle zu haben hängt auch davon ab, wie ich diese zwölfeinhalb Zutaten einsetze.

Wenn man wirklich das Gefühl hat, Herr der Lage zu sein, fürchtet man sich nicht vor dem Ergebnis. Haben Sie Ersparnisse, können Sie sich sicher fühlen, denn Sie können sich selbst versorgen. Sollten Sie noch auf diese Sicherheit hinarbeiten, kann Ihnen die Tatsache Sicherheit vermitteln, dass Sie sich stets einen anderen Job suchen können. Es gibt immer noch mehr Möglichkeiten. Die Welt bietet sie in Hülle und Fülle, und Sie halten das Heft in der Hand.

Ein Großteil der alltäglichen Existenzangst, die Menschen zu schaffen macht, rührt von einem Gefühl der Hilflosigkeit her. Verantwortung zu übernehmen kann das möglicherweise umkehren.

Ich wünschte, das Buch hieße *Dreizehn Soft Skills,* das tut es aber nicht. Es heißt *Zwölfeinhalb Soft Skills,* weil ich noch dabei bin, an meiner Zutat der freundlichen Offenheit zu arbeiten. Wenn Verantwortung zu Ihren halben Zutaten gehört, hoffe ich, dass Sie jetzt ebenfalls damit anfangen.

OPTIMISMUS

Hoffnung und Vertrauen in die Zukunft oder den erfolgreichen Ausgang von etwas.[15]

Am 13. Dezember 2020 postete ich auf Instagram ein Video von einem Rehkitz, das einen Strand entlanghüpft, und ich versah es mit folgendem Titel: „Ich will einfach nur, dass ihr so glücklich seid wie dieses Rehkitz … das ist alles."

Unter garyvee.com/fthelion können Sie es sich anschauen.

Irgendjemand kommentierte den Post mit: „Bis der Löwe kommt."

Worauf ich antwortete: „Dann ist es clever und geht dem Löwen aus dem Weg. Zu vielen macht allein schon der Gedanke an den Löwen Angst, ohne dass ihnen bewusst ist, dass man das auch steuern kann! Also, zum Teufel mit dem Löwen."

Das Wort Optimismus ist in gewisser Weise umstritten. Es existiert die Irrmeinung, es bedeute dasselbe wie Täuschung. Ein erstaunlich großer Prozentsatz von Menschen (vermutlich auch der Nutzer, der den Kommentar hinterlassen hat) glaubt, dass Enttäuschung und Verlust erst durch Optimismus ermöglicht werden. Die Verängstigten und Verletzten fürchten sich vor dem Optimismus, weil sie nicht enttäuscht werden wollen, und verwechseln ihn mit Naivität.

Nehmen Sie sich einen Augenblick und lesen Sie erneut die Definition zu Beginn dieses Abschnitts.

Und jetzt folgt dagegen die Definition von *Täuschung*: „Ein falscher Glaube oder ein falsches Urteil über die äußere Realität, das trotz unbestreitbarer Weise für das Gegenteil gehalten wird und insbesondere bei psychischen Erkrankungen auftritt."[16]

Sie sehen den Unterschied, oder?

Das Gegenteil von Optimismus wäre Pessimismus, und die Definition hierfür lautet: „Eine Tendenz, den schlimmsten Aspekt der Dinge zu sehen oder zu glauben, dass das Schlimmste passieren wird; ein Mangel an Hoffnung oder Vertrauen in die Zukunft."[17]

Ergibt es Sinn, dass Sie mit Hoffnung und Vertrauen in die Zukunft eine höhere Chance haben, das gewünschte Resultat zu erzielen? Ich denke schon. Wichtiger noch, Sie haben sehr viel mehr Kontrolle über Ihre Perspektive als über die Billionen Variablen, die es so schwierig machen, sich im Universum zurechtzufinden.

Optimismus dem Pessimismus vorzuziehen, ist letzten Endes überaus pragmatisch. Das heißt nicht, dass man den Schattenseiten im Geschäft oder im Leben gegenüber naiv oder blind ist. Tatsächlich ist mir mehr als den meisten bewusst, was alles schiefgehen kann. Ich bin nur einfach der Ansicht, dass ich jede Herausforderung bewältigen kann.

Wenn Sie beispielsweise denken, Sie würden wirklich glücklich werden, wenn Sie ein eigenes Unternehmen führen, werde ich Sie nicht anlügen und sagen, dass es einfach werden wird. Trotzdem bin ich begeistert, dass Sie die Gelegenheit haben, es auszuprobieren. Ihr Großvater konnte nicht gerade so nebenbei über sein Smartphone ein Unternehmen gründen. Dankbarkeit kann Optimismus verstärken. Wissen Sie, wie viel Glück Sie haben?

Optimismus heißt, sich riesig über den nächsten Versuch zu freuen und gleichzeitig anzuerkennen, dass es keine Garantie für einen Homerun gibt.

Wenn Ihnen das schwierig vorkommt, fragen Sie sich, welcher Abwehrmechanismus bei Ihnen wirkt, wenn etwas nicht nach Plan verläuft. Greifen Sie darauf zurück, anderen die Schuld zu geben und sich aufzuregen? Mangelt es Ihnen an Verantwortlichkeit? Nutzen Sie das Ego als Schutzschild? Ziehen Sie sich in ein Schneckenhaus zurück, weil Sie der Vergangenheit nachhängen und sich selbst Vorwürfe machen? Wird Ihr Selbstwertgefühl gänzlich von dem beeinflusst, was andere von Ihnen denken?

Oder übernehmen Sie Verantwortung? Können Sie die Wehmut durch Dankbarkeit einschränken? Haben Sie eine Perspektive im Leben außerhalb von Geschäft oder Karriere? Lassen Sie es sich gut gehen?

Die anderen emotionalen Zutaten werden Ihnen helfen, effizienter mit Verlusten umzugehen. Sie werden also nicht mehr so häufig enttäuscht. Und wenn Sie Letzteres wissen, fällt es leicht, optimistisch zu sein.

Es braucht allerdings Zeit, die Emotionen neu zu vernetzen. Ein erster Schritt dahin ist es, sich mit optimistischen Menschen zu umgeben und Interaktionen mit Menschen zu beschränken, die Sie seelisch belasten. Hören Sie sich Positives über Podcasts und Videos an, rund um die Uhr und 365 Tage lang.

Gruppierungen, die in der Vergangenheit unterdrückt wurden, gründen ihren Optimismus auf anderen erfolgreichen Menschen, die ihnen ähnlich sehen. Das ist einer der Gründe, weshalb die Repräsentation so wichtig ist.

Meine Großeltern beispielsweise zeigten immer auf den Fernseher, wenn jemand mit jüdischem Nachnamen zu sehen war. Sie riefen: *„Wow, eine jüdische Persönlichkeit ist im Fernsehen!“*

In der Sowjetunion wurden sie unterdrückt. Damals verstand ich es nicht; heute begreife ich, warum sie sich so freuten, erfolgreiche Menschen zu sehen, die ihnen ähnlich waren: Sie waren ein Anlass der Hoffnung.

Für mich ist Optimismus wie eine Landkarte. Er hilft mir, meine Bestimmung zu erkennen. Und unter anderem aus diesem Grund schätze ich den Weg höher als das Ziel. Optimismus macht den Weg viel spaßiger als Pessimismus. Es ist spannend, morgens aufzuwachen und mein Ding zu machen, wenn ich die Hoffnung hege und zuversichtlich bin, dass ich meine Ziele erreiche. Durch Optimismus macht es mehr Spaß, das Spiel zu *spielen,* anstatt zu *gewinnen.*

Ich rede oft davon, dass ich eines Tages die New York Jets kaufen will. Trotzdem wünschte ich, Sie könnten verstehen, wie wenig mir das tatsächlich bedeutet. Sicher wäre es unglaublich, wenn es so käme, aber ich bin auch zufrieden, wenn nicht.

Womit ich hingegen Probleme habe, ist, es gar nicht erst zu versuchen.

Daher sehe ich den Optimismus als perfekten Wegbegleiter für die Hartnäckigkeit. Wie wollen Sie beharrlich sein, wenn Sie nicht daran glauben, das erreichen zu können, was Sie sich vorgenommen haben? Wie wollen Sie da die notwendige Arbeit investieren? Und wichtiger noch, wie wollen Sie langfristig Erfolg haben, sobald Sie ihn erreicht haben?

Wenn ich einen Hügel erklimme und mir sage, ich würde es nicht bis an die Spitze schaffen, macht es nicht so viel Spaß, mich durchzubeißen. Glaube ich hingegen daran, dass ich es schaffen kann, bereitet mir der Aufstieg wahres Vergnügen – selbst wenn Schwarzmaler das abstreiten. Ich bin mir durchaus bewusst, dass man, ebenso wie Darth Vader, den Pessimismus in Kombination mit Hartnäckigkeit einsetzen kann, um seine Ziele zu erreichen. Nachhaltig ist das jedoch nicht. Wenn Sie auf den positiven Ausgang vertrauen und Ihren Optimismus mit Hartnäckigkeit paaren, stehen die Chancen besser, dass sich der Erfolg einstellt und gleichzeitig nachhaltig ist.

EMPATHIE

Die Fähigkeit, die Gefühle eines anderen zu verstehen und zu teilen.[18]

Sprechen wir das offenkundige Problem doch an.

Ich habe mein Weinprojekt Empathy Wines genannt. Zwar wurde es 2019 an Constellation Brands verkauft, es wird aber immer einen besonderen Platz in meinem Herzen und meiner Seele einnehmen.

Wenn ich das Wort *Empathie* höre und die Definition lese, werde ich ganz sentimental. Empathie ist eine sehr potente Zutat, die meine geschäftlichen und privaten Erfolge zu einem Großteil beschleunigt hat.

Empathie ist der Grund, weshalb ich meine Ersparnisse in den Anfangszeiten in Facebook und Twitter investierte. Weshalb ich gegenüber NFTs (Non-Fungible Token; einzigartige digitale Vermögenswerte, die in einer Vielzahl von Branchen existieren, von digitalen Kunstwerken über virtuelle Immobilien bis hin zu Sammlerstücken und vielem mehr) optimistisch eingestellt bin. Sie ist der Grund, weshalb ich wusste, dass CryptoPunks an Popularität gewinnen und dass Rapper wie Gunna und DaBaby erfolgreich sein würden. Deshalb wusste ich, dass das Internet das Geschäft meines Vaters verändern würde, und zwar zu einer Zeit, als viele dachten, die „Datenautobahn“ wäre nur eine Modeerscheinung.

Das werde ich auch in den kommenden Jahrzehnten meines Berufslebens beibehalten. Eines Tages wird man mich für jemanden halten, der eine unfehlbare Kenntnis des menschlichen Verhaltens hatte.

Empathie ist meine Art und Weise, auf dem Laufenden zu bleiben.

Am natürlichsten passt dazu die Neugier. Aber das sehen Sie, wenn Sie zu diesem Abschnitt kommen. Neugier ist das, was ich einbringe, um mich über NFTs zu informieren. Empathie hingegen ist mein intuitives Gespür, dass NFTs in Zukunft einen wichtigen Teil Ihres Lebens ausmachen werden. Insbesondere wenn es um NTFs geht, beschleicht mich das gleiche Gefühl, das ich 2005 in der Anfangszeit des Web 2.0 hatte.

Ich habe Mitgefühl mit den Personen, die mir gegenüber an einem Besprechungstisch sitzen, aber auch mit der breiten Masse. Es fällt mir genauso leicht, die Gefühle der Person an meiner Seite wahrzunehmen wie das, was Sie alle beim Lesen dieses Buches fühlen. Dass ich Sie alle kollektiv spüren kann, mit all den verschiedenen Zwischentönen, Perspektiven und Hintergründen, ist verrückt und fast schon überwältigend. Aber es hilft mir, kontextabhängig zu kommunizieren.

Ist man einfühlsam, erkennt man, warum Menschen handeln wie sie handeln.

Was denken Sie, warum ich jenen, die hasserfüllte Kommentare zu meinem Content hinterlassen, Mitgefühl und nicht Wut oder Frustration entgegenbringe? Wenn sich jemand die Zeit nimmt, meinen Account zu besuchen, meine Inhalte anzusehen und dann einen negativen Kommentar zu schreiben, der besagt, dass ich zum Kotzen sei, dann sehen wir das Spiegelbild dieser Person. Sie leidet so sehr, dass sie mich auf ihre Gefühlsebene herunterziehen möchte.

Einmal kommentierte jemand einen Inhalt mit den Worten: „Gary, das ist lächerlich. So etwas Besonderes bist du nun auch nicht."

Darauf antwortete ich: „Meine Mom sagt etwas anderes."

Und nachdem ich mir den Account des Benutzers angesehen hatte, fügte ich hinzu: „Deine Aufnahmen sind bemerkenswert."

Ich nutze Empathie und Freundlichkeit gegen den Hass, weil ich weiß, dass es mehr Kraft erfordert, einfühlsam zu sein. Von außen betrachtet hat man den Eindruck, dass diejenigen mit negativer oder aggressiver Einstellung in Auseinandersetzungen im Vorteil sind. Ich weiß, das Gegenteil ist der Fall.

Würde ich in einem Unternehmen mit einer toxischen Chefin arbeiten, würde ich sofort mit Empathie reagieren. Die Chefin mag nach außen hin wie eine Gewinnerin wirken und dem oberflächlichen Betrachter vorgaukeln, man käme nur voran, wenn man über Leichen ginge. Doch diese Chefin – höchstwahrscheinlich misstrauisch oder unsicher – geht nach Hause und wirft sich heimlich Pillen ein oder spricht des Rausches wegen dem Alkohol zu. Oder sie hasst ihre Eltern und die ganze Welt.

Es fällt mir relativ leicht, mit diesen Szenarien umzugehen: Ich habe Mitleid mit diesen Vorgesetzten. Wie denn auch nicht, wenn dieser Mensch so sehr leiden muss?

Empathie ist die Zutat, die Antworten liefert. Wenn man fühlen kann, was der oder die andere fühlt, entwickelt man eine außergewöhnliche Begabung, Menschen zu manipulieren. Das ist meines Erachtens die ultimative Superkraft. Man kann damit entweder ein Gemetzel anrichten oder aber man setzt sie ein, um die Welt aufzubauen, so wie ich es bei Ihnen mit diesem Buch versuche. Ich will Sie inspirieren, glücklicher zu sein, indem Sie die Komponenten für Ihren beruflichen Erfolg entwickeln. Tatsächlich geht es hier um sehr viel mehr, als Ihnen dabei zu helfen, geschäftlich auf die Erfolgsspur zu gelangen. Das ist es, was die Welt dringend benötigt.

Freilich ist es eine Sache, Einfühlungsvermögen zu haben, und eine andere, es auch einzusetzen.

Es gibt so viele Mütter, Väter, CEOs, Managerinnen und Führungskräfte, die auf höchstem Niveau zur Empathie fähig sind. Und doch sind sie selbst unsicher und halten sich daher zurück.

Möglich, dass eine Mutter intuitiv spürt, wenn ihre junge Tochter unternehmerische Ambitionen hegt. Aber vielleicht leben sie beispielsweise in einer entlegenen Gegend von Texas, wo Cheerleading und Schönheitswettbewerbe alles sind. Dass ihre Tochter daran kein Interesse hat, weiß die Mutter. Aber wenn ihr das Selbstbewusstsein fehlt, könnte sie ihr Kind unbewusst dazu zwingen, Cheerleaderin zu werden, um sich dem Urteil anderer Mütter zu entziehen. Wenn Sie kein Selbstbewusstsein haben (und damit auch keine Selbstakzeptanz und Selbstliebe), könnte Empathie eine Ihrer halben Zutaten sein. Die eigenen Unsicherheiten ziehen einen wie ein Anker herunter und verhindern, dass man für andere von Nutzen ist.

Im unternehmerischen Umfeld habe ich meine Schwierigkeiten damit, Empathie zu zeigen und gleichzeitig zuzulassen, dass andere eigene Erfahrungen machen. Zwei Mitglieder meines Teams hatten vergangene Woche einen Konflikt miteinander. Ich kenne die Lösung für diese Situation und weiß, was jeder von ihnen hätte tun müssen. Aber sage ich es ihnen auch? Für beide Teammitglieder gilt es, dringend erforderliche Lektionen zu lernen. Soll ich mich nun plump einmischen und es ihnen mitteilen?

Wenn ich das tue, könnten sie sich künftig von Angst leiten lassen. Oder aber ich versorge sie sprichwörtlich mit einem Pflaster, das allerdings keine nachhaltige Veränderung bringt. Vielleicht müssen sie diese Schlüsse selbst ziehen. Andererseits kann das Zurückhalten von Feedback dazu führen, dass eine Anspruchshaltung entsteht. Wie Sie in Teil II sehen werden, wenn wir uns den Realsituationen im Geschäftsleben zuwenden, versuche ich herauszufinden, wann und wie ich mich mit Feedback einbringen kann.

Empathie ist wie eine Art Cheat-Code im Business sowie auch im Leben. Und ich bin der festen Überzeugung, dass die übrigen elfeinhalb Zutaten damit einfacher einzusetzen sind. Sie können jede Situation meistern, wenn Sie die Gefühle der Beteiligten nachempfinden können.

FREUNDLICHKEIT

Die Eigenschaft, freundlich, großzügig und rücksichtsvoll zu sein.[19]

Bei Wine Library hatte einmal ein Mitarbeiter, dem ich sehr nahestand, Wein im Wert von 250.000 US-Dollar gestohlen.

Was würden Sie in einer solchen Situation tun?

Häufig halten Menschen Freundlichkeit für ein Verhalten, das man anderen gegenüber zeigt, die man enttäuscht, verletzt, verärgert oder in eine prekäre Lage gebracht hat. Für mich geht es darum, nett zu jenen zu sein, die *mich* in eine schwierige Lage gebracht haben. Wenn Mitarbeitende mir gegenüber unhöflich waren oder mich geschäftlich über den Tisch gezogen hatten und zwei Jahre später so taten, als wäre nichts passiert, war ich die Freundlichkeit in Person.

Freunden mit großem Potenzial sage ich oft, dass es leicht ist, freundlich zu sein, wenn alles glatt läuft. Die Kunst ist, freundlich zu sein, wenn man unter Druck steht. Denn nur allzu leicht explodiert man und beschimpft Menschen, wenn man unter Stress steht. Es braucht innere Stärke, der oder die Vernünftige zu sein. Trotzdem ist es eine elementare Charaktereigenschaft, die Sie von anderen unterscheiden kann.

Tagtäglich vertraue ich darauf, dass mir Freundlichkeit hilft, bange Momente und schwierige Zeiten im Geschäft durchzustehen. Mein nächstes Umfeld hatte den Luxus, das genau beobachten zu können. Dennoch stimmt es mich traurig, dass mein aggressiver Kommunikationsstil vor den Kameras für Verwirrung über meine Obsession mit diesem Wort gesorgt hat.

Man sieht nie das ganze Bild einer anderen Person. Man hat nicht den hundertprozentigen Einblick in ihre Gedankenwelt oder in die Kindheitsereignisse, die sie zu dem Menschen gemacht hat, der sie heute ist. Wie kann man sich also ein Urteil erlauben?

Darüber hinaus stellt sich die Frage: Wenn andere Menschen über Sie urteilen, weshalb nehmen Sie sich dieses Urteil zu Herzen, obwohl die anderen nicht alle Einzelheiten über Sie kennen? Diejenigen, die hart mit sich selbst ins Gericht gehen, neigen dazu, auch andere einem strengen Urteil zu unterziehen. Diejenigen, die gut zu sich selbst sind, sind das tendenziell auch anderen gegenüber.

Als ich erfuhr, dass uns ein Mitarbeiter bestohlen hatte, fühlte es sich an wie ein Schlag in die Magengrube. Ich wusste, mein Vater würde die von mir geschaffene offene, inklusive Kultur verurteilen, die es – so fand er – einem von uns überhaupt erst möglich machte, uns auszunutzen. Auf der Stelle nahm ich eine Abwehrhaltung ein.

Zunächst einmal erinnerte ich meinen Vater daran, dass man uns auch in der Vergangenheit schon bestohlen hat, trotz der „eisernen Hand“, mit der er das Unternehmen führte. Das liegt in der Natur des Einzelhandels. Dann fragte ich mich: „Geht es dem Mitarbeiter gut? Warum hat er das getan? Gibt es etwas, das ich nicht weiß?“

Gab es. Diese Person war abhängig von Schmerzmitteln, brauchte dringend Geld und bestahl daher die Firma.

Ob Sie es glauben oder nicht, in solchen Situationen fühle ich mich dankbar und zugleich schuldig. Ich hatte das große Glück im Leben, nicht verletzt zu sein. Wie könnte ich nicht Mitgefühl und Freundlichkeit walten lassen, um diesem Menschen zu vergeben? Wie könnte ich kein Mitleid empfinden?

Das bedeutet nicht, dass man diese Person nicht zur Verantwortung ziehen kann. Die Menschen verwechseln *Freundlichkeit* mit dem Wort *Schwächling* – „Eine Person, die leicht zu überwältigen oder zu beeinflussen ist“.[20] Dabei ist es überhaupt nicht dasselbe.

Man kann durchaus freundlich und offen sein und sich trotzdem die ganze Zeit über behaupten. Hat man eine Auseinandersetzung mit einem Mitarbeiter, einem Händler oder einem Kunden, kann man sein Gegenüber durch Freundlichkeit dazu bringen, sich zu öffnen, was andernfalls nicht passieren würde. Mit Leidenschaft vertrete ich die Ansicht, dass es ein durch Freundlichkeit geschaffenes Umfeld braucht, wenn man schlechte Nachrichten überbringen oder schwierige Gespräche führen muss.

Ist man allerdings zu empathisch und nett, ohne durch Offenheit ein Gleichgewicht herzustellen, kann man sich schon auf späteren Ärger einstellen. Sieht man die Zukunft optimistisch, kann man Größe beweisen, wenn andere einem Unrecht tun. Wenn aber die Zeit langsam knapp wird, fängt man an, wild um sich zu schlagen.

Hätte ich nicht damit begonnen, freundliche Offenheit als eine emotionale Eigenschaft zu entwickeln, würde wohl auf meine alten Tage Verbitterung gedeihen. Mit 80 oder 90 Jahren würde ich also das genaue Gegenteil dieser Eigenschaften walten lassen.

Freundliche Offenheit stellte für mich immer schon eine Herausforderung dar, weil mir das, was die meisten Menschen wichtig nehmen, egal ist. Ich lasse mich nicht beeinflussen. Da ich ein emotionaler Geber bin, kann ich besser mit Ressentiments umgehen. Gleichzeitig ist mir bewusst, dass ich diesen Zug mit den anderen Eigenschaften in Einklang bringen muss. Bei Ihnen mag es das genaue Gegenteil sein: Auch wenn Sie das mit der Offenheit gut hinbekommen, fehlt Ihnen eventuell das Element der Freundlichkeit.

Aus diesem Grund habe ich das Wort *freundlich* vor die *Offenheit* gesetzt. Es ist wichtig, wie man die Medizin verabreicht. Einer der Gründe, weshalb man sich für einen Arzt und gegen einen anderen entscheidet, ist der Umgang mit Patienten. Es geht nicht nur um die medizinischen Kenntnisse. Ein Hustensaft mit Traubengeschmack lässt sich viel leichter schlucken, als ihn ganz ohne Geschmack zu trinken. Es ist besser, gut gelaunt und zu Späßen aufgelegt zu sein, bevor man eine Spritze bekommt, als wenn einem die Tränen übers Gesicht laufen. Denn die Spritze kriegt man auf jeden Fall.

Nehmen Sie Offenheit nicht als Vorwand für Unfreundlichkeit.

In der Ära von Steve Jobs konnte ich förmlich dabei zusehen, wie nette Kids in ihren Organisationen als Hommage an Jobs einen scharfen, rücksichtslosen Managementstil einführten. Dies machte mich betroffen und entwickelte sich zu einem der Gründe, weshalb ich mehr über Freundlichkeit reden wollte. Tatsächlich war das sogar der Impuls zu diesem Buch und meine Motivation dafür, die zwölfeinhalb Eigenschaften in den höchsten Tönen zu loben. Ich wollte, dass Charaktereigenschaften wie Empathie, Freundlichkeit und Dankbarkeit cool werden – genau so cool, wie es in jener Zeit war, ein Arsch zu sein.

Ich will gar nicht darüber streiten, ob es produktivitäts- und leistungssteigernd ist, wenn man den harten Boss spielt. Ich will nur zum Ausdruck bringen, dass die Freundlichkeit letztlich die Unhöflichkeit übertrifft. Sicherlich kann man auf zahlreiche erfolgreiche Unternehmen verweisen, die allesamt über einen eher dunklen Managementstil verfügen. Taffe Coaches können durchaus erfolgreiche Teams aufbauen. Sieht man jedoch genauer hin, ist sehr viel mehr Zuneigung vorhanden, als man von außen wahrnehmen kann. Diese näheren Umstände stehen den Menschen intern zur Verfügung.

Ich kenne nicht alle Einzelheiten rund um Steve Jobs. Ich weiß aber sehr wohl, wie die Jugend im Silicon Valley sie ausgelegt hat und wie daraus eine Ideologie entstand. Meine Intuition sagt mir, dass er sehr viel mehr Liebe und gute Vorsätze in sich trug, als sein Ruf zu diesem Zeitpunkt nahelegte.

Selbst die härtesten Coaches in der NBA oder der NFL können Spieler vorweisen, die sie lieben. Viele von ihnen sagen, der Coach sei hinter verschlossenen Türen ein völlig anderer Mensch, als er oder sie von den Medien wahrgenommen wird. Dafür gibt es einen Grund. Das Konzept der Freundlichkeit als Stärke gehört zu den Dingen, mit denen die Gesellschaft wirklich zu kämpfen hat. So wurde diese Charaktereigenschaft einfach nicht konstituiert. Ich werde mich für das Narrativ der Freundlichkeit als Stärke einsetzen und sehen, was ich damit bewirken kann.

Denn das funktioniert wirklich gut.

HARTNÄCKIGKEIT

Die Eigenschaft oder Tatsache,
sehr entschlossen zu sein; Festlegung.[21]

Wir leben in einer Welt, in der das Wort *Hustle (sprich harte Arbeit)* manipuliert und sogar verteufelt worden ist. Für einige ist es gleichbedeutend mit Burn-out und Erschöpfung, und es erschüttert mich, wenn man diese beiden Wörter mit mir in Verbindung bringen will.

Wenn man – egal bei was – Erfolg haben will, ist Hartnäckigkeit unerlässlich, davon bin ich überzeugt. Das sollte jedoch niemals zulasten Ihres inneren Friedens und Ihres Glücks gehen. Hartnäckigkeit sollte niemals mit einem Burn-out gleichzusetzen sein. Ich finde es bedauerlich, dass einige Leute diese beiden Begriffe nicht voneinander trennen können.

Aber ich fühle mit ihnen. Viele stehen zur Hartnäckigkeit so, wie ich zur Offenheit stand. Mein Leben lang war es mir unmöglich, Offenheit von der negativen Art zu trennen, wie sie in meinem Leben angewendet wurde. Also vermied ich sie komplett.

Wenn ich sehe, dass man harte Arbeit oder Hartnäckigkeit mit einem Burn-out verwechselt, bin ich nicht böse. Ich verstehe das schon.

Aber es gibt einen deutlichen Unterschied zwischen den beiden Wörtern: Ein Burn-out ist der physische oder seelische Zusammenbruch als Folge von Überarbeitung oder Stress. Hartnäckigkeit dagegen meint Entschlossenheit.

Ich spreche davon, den Prozess beim Erreichen seiner Ambitionen zu genießen, weil die Menschen sich dabei verheizen, wenn sie einer Million Dollar, einem Mercedes-Benz, einer Chanel-Tasche oder einem Privatflugzeug hinterherjagen. Dass dies im Allgemeinen zu einem Burn-out führt, liegt daran, dass diese Menschen in den meisten Fällen nicht für sich selbst nach diesen Dingen streben, sondern um die Anerkennung anderer zu gewinnen. Wenn Sie sich in eine Situation manövriert haben, in der Ihr Glück von der Bestätigung von außen und materiellen Erfolgssymbolen abhängig ist, werden Sie immer – und ich meine *immer* – kurz vor einem Burn-out stehen. Aus diesem Grund versuche ich zu kommunizieren, dass dies nicht die Ziele sein können, die wir hochstilisieren.

Was, wenn Sie stattdessen an etwas arbeiten, das Sie wirklich lieben? Was, wenn Sie wirklich für sich selbst auf ein Ziel hinarbeiten, anstatt etwas kaufen zu wollen, nur um jemand anderem etwas zu beweisen?

Hartnäckigkeit ist es, wenn man sich sagt: „Ich genieße meinen Fortschritt so sehr, dass ich entlang meines Weges das überwinden kann, was andere normalerweise als Hindernis ansehen."

Als ich Mitte 20 war, kamen beispielsweise einige meiner ehemaligen Klassenkameraden in das Spirituosengeschäft meines Vaters. Das waren Leute, die ihren Abschluss gemacht hatten und Ärzte, Anwälte oder Finanzleute an der Wall Street geworden waren. Sie kauften teuren Champagner und ich ging in den Keller, holte die Kisten nach oben, kassierte ab, trug die Kisten zu ihrem Auto und stellte sie in den Kofferraum. Ich erinnere mich an den Ausdruck von Mitleid und Stolz in ihren Augen. Denn ich war der Typ, der immer noch im Spirituosenladen des Vaters arbeitete.

Nur aufgrund von Hartnäckigkeit und Überzeugung konnten mich diese Momente eher motivieren als zerstören. Sie wurden zu einem gesunden Komplex.

In Teil II wird ersichtlich, dass meine unmittelbare Reaktion auf schwierige Szenarien im Normalfall eine Mischung aus weichen Charaktereigenschaften wie Empathie, Freundlichkeit und Dankbarkeit umfasst. Aber wie Raghav Haran (mein Partner bei diesem Buch) gerade ausführte, als wir beim Schreiben waren: Diese Zeit in meinen frühen Zwanzigern war eines der wenigen Male in meinem Leben, wo ich etwas mehr Zähne zeigte und etwas mehr *Begeisterung,* also mehr Hartnäckigkeit und Überzeugung. Darauf folgte aber ziemlich rasch Empathie und Geduld. Woher sollten meine 25 Jahre alten Freunde denn wissen, wie strategisch und bedächtig ich in diesem Alter schon vorging?

Sie wussten nichts von meiner damaligen Obsession, über ein Jahrzehnt damit zu verbringen, das Geschäft meines Vaters aufzubauen, als Dankeschön für meine Eltern für all das, was sie für mich getan hatten. Woher auch? In jener Zeit so eine Entscheidung zu treffen, kam selten vor. Und auch heute noch ist es extrem rar. Sie hatten keine Ahnung, dass ich ein starkes Gespür dafür hatte, was 80, 90 oder gar 100 Jahre bedeuten. Ich hatte Geduld und eine Perspektive. Ein paar Jahre im Spirituosenladen meines Vaters zu arbeiten, machte mir keine Angst. Nie hatte ich das Gefühl, „hinten dran" oder „auf dem Holzweg" zu sein. Ich musste mich in sie hineinversetzen, denn sie wussten nicht, dass es mich nach ganz oben zog.

Damals betrachtete ich den Faktor Zeit ziemlich nüchtern. Ich hatte mir überlegt, einen Teil meiner Zeit – von 22 bis 32 Jahren – bei meiner Familie „einzuzahlen". Das schien unglaublich leicht in einer Welt, in der ich pro Monat über 10.000 DMs (Direktnachrichten auf Instagram) von Menschen bekomme, die zu „kämpfen" haben, weil ihnen mit 26 Jahren noch der Plan fehlt.

Es war interessant, meine Geschicklichkeit an der Front bei Wine Library zu verfeinern, einem Einzelhandelsgeschäft, in dem ich 15 Stunden am Tag mit Kunden interagieren durfte. Dort schärfte ich meine Fähigkeiten als Kommunikator, weil ich mir tagein, tagaus Sorgen um den Umsatz machen musste. Das Geschäft war unsere Lebensgrundlage; das brachte das Essen auf den Tisch. Aber ich wusste auch, dass ich eines Tages nicht mehr dort arbeiten würde. Indem ich eine Marke aufbaute, die mein Vater fortwährend nutzen konnte, würde ich in meinen Vierzigern und Fünfzigern nicht traurig sein müssen, dass sein Geschäft mit meinem Weggang den Bach runtergegangen war. Wie sollte das jemand verstehen? Der Punkt ist, es war egal, ob sie es verstanden. *Ich* wusste es. Und das hat mich angetrieben.

Überzeugung und Hartnäckigkeit arbeiten Hand in Hand. Wenn Sie überzeugt sind von dem, was Sie tun, ist es einfacher, hartnäckig zu sein.

Ausgerechnet während der Arbeit an diesem Buch habe ich viel über das Wort *Wettbewerbsfähigkeit* nachgedacht; ein Wort, das in den letzten zehn Jahren überraschenderweise eher selten in meinem Content zu finden war. Trotzdem muss ich mir wohl eingestehen, dass ich vermutlich nicht genug darauf hinweise, wie elementar Hartnäckigkeit, Überzeugung und das innere, mich in meiner Entwicklung antreibende Feuer mein Wesen ausmachen. Meine Intuition, gerade jetzt beim Schreiben dieses Buches, sagt mir, dass Hartnäckigkeit der Same für das nächste Buch sein dürfte.

NEUGIER

Ein starkes Verlangen, etwas zu wissen oder zu lernen.[22]

Im Moment fällt es mir schwer, diesen Abschnitt zu schreiben, weil ich wegen den NFTs aufgeregt bin. Ich sitze auf dem Stuhl und spüre, wie es in mir rumort. Ich bin ernsthaft davon überzeugt, dass NFTs eine Revolution der menschlichen Kreativität auslösen werden, und finde es überaus spannend, mehr darüber zu erfahren.

Nachdem ich die letzten Monate des Jahres 2020 auf das operative Geschäft bei VaynerMedia konzentriert war, bin ich bereit, Anfang 2021 den Fuß etwas vom Gaspedal und mir mehr Zeit für die Recherche zu nehmen. Das mag heißen, dass mein Unternehmen nicht so schnell wächst, aber ich kann diese Chance mit den NFTs nicht vorbeiziehen lassen. Ich würde es sehr viel mehr bereuen, wenn ich das nicht durchziehe.

Fehlt es den Menschen an Neugier, werden neue Chancen abgetan, anstatt sich die Zeit zu nehmen, sie auszuloten. Viele waren der Ansicht, dass man mit dem Spielen von Videospielen bestimmt nicht so viel Geld verdienen würde. Heute machen die bestverdienenden Gamer und Content-Urheber für E-Sport jedes Jahr Millionen Dollar.

In den Anfangstagen von Social Media taten viele Experten es als Modeerscheinung ab. Dasselbe sagte man über das Web 2.0. Als ich davon sprach, dass Sportkarten ein interessantes alternatives Investment wären, hielt man es nicht für praktikabel.

Und heute, Anfang 2021, stehen wir an der Schwelle zu einer Zeit, in der Künstler ihren Lebensunterhalt über NFTs generieren werden. Trotzdem glauben viele, dass Zeichnen keine praktische Fertigkeit ist. Es gibt zahlreiche leidenschaftliche und talentierte Künstler, die Jobs annehmen, die sie irgendwann hassen dürften, ohne dass ihnen bewusst wird, dass sie mit ihrer liebsten Kindheitsbeschäftigung Geld hätten verdienen können. Stattdessen gehen sie völlig mechanisch einer Arbeit als Führungskraft einer Bank nach.

Das Wort *Neugier* wird in unserer Gesellschaft verkannt. Es haftet ihm etwas Kuscheliges, Theoretisches, Kindliches an. Und doch ist es meiner Meinung nach eines der wichtigsten Merkmale für den unternehmerischen Erfolg.

In der Welt der Weine manifestierte sich meine Neugier darin, Mitte bis Ende der 1990er-Jahre jeden einzelnen Post über Weine auf der Website „Wine Bulletin Board" von Mark Squires zu lesen. Dank der Empathie und der Neugier, die aus meiner Sicht die Grundlage meiner Intuition bilden, hatte ich aufgrund der gesammelten Informationen das Gefühl, dass australische und spanische Weine an Popularität zunehmen würden. Und ich lag so was von richtig.

In gewisser Hinsicht ähnelt es dem, was ein A&R-Manager (Artists und Repertoire) in der Musikbranche macht. Meine Neugier veranlasste mich, intensiv zu lernen (wie beispielsweise in Clubs zu gehen, um neue Talente zu entdecken, wie es die Musikmanager in den 1970ern und 1980ern gemacht haben). Mit Empathie wählte ich dann aus, was angesagt sein würde. Um im Bild zu bleiben: Ich setzte auf Künstler, die es einmal weit bringen würden. Damit verdiene ich im Grunde meinen Lebensunterhalt.

Neugier kann in Kombination mit Empathie zu Intuition führen. Im Anschluss, wenn man also diese Intuition erfahren oder einen „Geschmack" davon bekommen hat, kann man Überzeugung entwickeln.

Meine Neugier führte letztlich zu meiner Überzeugung, dass der Wert von Sportkarten in bestimmten Kategorien geradezu explodieren würde. Dasselbe gilt für NFTs.

Ich bin ein geborener Anthropologe. Ich beobachte. Ganz genau beobachte ich das menschliche Verhalten, das zu dem führt, was einige als Vorhersagen über aufkommende Technologien und Branchen sehen. Aber ich treffe keine Vorhersagen. Ich passe nur genauer auf, was der Markt bereits macht, und setze es schneller um als die meisten.

Ist man mit Neugier gesegnet, muss man sie um jeden Preis durch Demut schützen. Mental überhöhe ich meine Erfolge nicht, denn das würde meine Neugier gefährden. Ich würde mir damit vorgaukeln, ich hätte nicht mehr viel zu erreichen. In meinem Kopf bin ich noch jung. Ich fange gerade erst an, stecke sozusagen in den Kinderschuhen. Mit einem übersteigerten Ego wird die Neugier unterdrückt.

Die beiden Wörter, die mir in der Definition von *Neugier* ins Auge stechen, sind *stark* und *erfahren*. Um den Nutzen der Neugier zu steigern, braucht es eine starke Arbeitsmoral. Man braucht das starke Verlangen, kontinuierlich zu lernen, unabhängig davon, wie viel man bereits erreicht hat.

Würden sich mehr Sportler auf die Neugier einlassen, wären sie eher freudig erregt als unglücklich, wenn sie ihre Karriere beenden. Anstelle des Gedankens *„Meine Karriere ist vorbei“* würden sie denken: *„Wow! Ich bin erst 35 Jahre alt. Was kann ich die nächsten 50 oder 60 Jahre meines Lebens unternehmen?“*

Sportler könnten ihr Talent, ihren Ruf, ihre Beziehungen und ihr Wissen einsetzen, um sich neue Bereiche des Lebens zu erschließen – ob durch den Aufbau einer Marke oder indem sie sich als Eltern weiterentwickeln. Es gibt Sportler in der Hall of Fame, die jünger sind als ich. Und ich halte mich noch für ein Baby. Stellen Sie sich nur vor, was ich über sie denke ... Sie stehen praktisch noch am Anfang ihrer Karrieren.

Wenn Sie ein ambitionierter Mensch sind, der noch vor der Ära der sozialen Medien mit 65 Jahren in Rente gegangen ist, kann Neugier zu einer nagelneuen Laufbahn führen. Wenn Sie zurück aufs Spielfeld wollen, kann die Spanne von 65 bis 90 Jahren die Zeit zum Spielen sein. Was, wenn Sie Ihr Wissen aus über 60 Jahren Lebenszeit teilen würden? Was, wenn Sie Ihr Vermächtnis verbessern könnten, indem Sie mit der Welt über die sozialen Medien kommunizieren und eine Chance ergreifen, die Ihnen zu Beginn Ihrer Laufbahn noch nicht zur Verfügung stand?

Neben Optimismus ist Neugier eine treibende Kraft hinter meiner Liebe für den Weg. Ich frage mich, wie groß ich ein Unternehmen machen kann. Ich frage mich, wie viele Menschen ich beeinflussen kann. Ich frage mich, wie viele eines Tages bei meiner Beerdigung erscheinen werden.

Es fasziniert mich, welches Ausmaß das alles erreichen kann. Und ich möchte es zu Ende bringen. Das zweite zentrale Wort der Definition lautet *lernen.*

Meine Sicht zum Thema Bildung verwirrt meine Follower in den sozialen Medien oft. Auch wenn ich überzeugt davon bin, dass Bildung die Grundlage für Erfolg ist, sollten wir die Art infrage stellen, wie sie heute in Amerika verkauft wird.

Wenn man fürs Unternehmertum lebt und wirklich das Potenzial zur Geschäftsfrau oder zum Geschäftsmann hat, ist die Frage sicher sinnvoll, ob es sich lohnt, einen Studentenkredit aufzunehmen. Viel mehr Studenten, Eltern und Organisationen müssten überdenken, welchen Nutzen ein Studium für ihre konkreten Ziele hat.

Gleichwohl bin ich im Vorstand von Pencils of Promise, weil sie Schulen in Ländern wie Ghana, Laos und Guatemala bauen. In weniger entwickelten Ländern können Schulen Chancen eröffnen, ganz so wie das Internet und Social Media in den Vereinigten Staaten.

Dabei kann man auf vielfältige Weise lernen. Man kann lernen, indem man jemandem, den man bewundert, eine Direktnachricht schreibt und fragt, ob man für ihn oder sie arbeiten kann. Man kann lernen, indem man einen Kurs besucht. Man kann lernen, indem man Inhalte auf Twitter und Youtube konsumiert, so wie ich es tue, um mich zu NFTs weiterzubilden. Neugier ist die Inspiration für diese Arbeitsauffassung.

Menschen, denen es an Neugier mangelt, gaukeln sich oft vor, dass sie Überzeugung einsetzen. Vielleicht wollen Sie nichts über neue Technologien, Plattformen oder Chancen erfahren, weil Sie sich „auf eine Sache konzentrieren“. Ich respektiere, wenn Sie nicht auf zu vielen Hochzeiten gleichzeitig tanzen wollen – das geht vielen so. Aber passen Sie auf, dass Sie sich nicht auf Ihren vergangenen Leistungen ausruhen oder aus dem Ego heraus agieren und das dann Überzeugung nennen.

Ich will die Eigenschaften in diesem Buch nicht gegeneinander aufwiegen, müsste ich aber wählen, würde ich Neugier und Demut vor Überzeugung und Hartnäckigkeit platzieren.

Die Fähigkeit, Verzögerungen, Probleme oder Leiden zu akzeptieren oder zu tolerieren, ohne sich zu ärgern oder ängstlich zu werden.[23]

Wenn ich diese Definition höre, muss ich breit lächeln. Meine Community ist es wahrscheinlich leid, mich über Geduld reden zu hören. Trotzdem ... Es gibt irre Neuigkeiten:

Ich werde dieses verdammte Wort weiter in den Schädel jeder Person hämmern, die ich treffe. Geduld war das wunderbarste Geschenk in meinem Leben. Raghav machte mich darauf aufmerksam, dass er nicht damit gerechnet hatte, „Leiden [...] zu tolerieren, ohne sich zu ärgern oder ängstlich zu werden" in der Definition zu lesen. Und ich auch nicht. Ich fühle mich eng verbunden mit diesem Wort und seiner Definition.

Sollte man im Himmel ein Wort vorn auf die Brust geschrieben bekommen, weiß ich, dass das meins wäre. Geduld ist der zentrale Bestandteil der Leichtigkeit, die ich in mir fühle. Wenn man ein gutes Zeitgefühl hat, wird der Druck weniger und man schafft sehr viel mehr. Sollte es einmal nach mir gehen, dürfte Geduld in jedem Lehrplan vom Kindergarten bis zur zwölften Klasse stehen.

Ich wünschte, es wäre mehr Eltern bewusst, dass Geduld einer der wichtigsten Faktoren ist, die Kinder in ihrer Entwicklung benötigen.

Wir würden viel glücklichere Kinder sehen, die nicht aus der Wirklichkeit flüchten müssen, um mit dem Stress klarzukommen, der aus Ungeduld erwächst. Eine erschreckend hohe Anzahl an Menschen im Alter von 18 bis 30 Jahren sorgt sich um ihre berufliche Laufbahn, weil sie keinen Bezug zur Geduld haben.

Ich habe in Unternehmen, an denen ich beteiligt war, Dutzende Beschäftigte gesehen, die offenbar zu Höherem bestimmt waren, aber durch ihre Ungeduld geschwächt wurden. Sie erwarteten überraschend hohe Gehaltserhöhungen, forderten – ohne Erfolge vorzuweisen – doppelte Beförderungen oder stellten andere unrealistische Ansprüche, um ihre kurzfristigen Unsicherheiten zu nähren. Sie verschlechterten ihr langfristiges Potenzial in der Organisation, weil sie so in Eile waren und es ihnen an Selbstbewusstsein fehlte.

Unsicherheiten verstärken sich ohne die Nährstoffe der Geduld.

Wenn man verzweifelt versucht, kurzfristig anderen Menschen etwas zu beweisen, vergibt man sich die Chance, seine Fortschritte zu genießen. Und wenn man den Fortschritt nicht genießt, wird man anfälliger für einen Burn-out. Zwingt man sich, einen bestimmten Weg zu gehen, weil man *denkt,* man würde bis 30 eine Million Dollar verdienen und das tritt dann nicht ein, dann stellt man sich zum 31. Geburtstag besser auf veritable Probleme mit dem Selbstwertgefühl ein.

Sich Sorgen zu machen, was andere über Ihre Leistungen denken könnten, auch wenn Sie sie noch gar nicht erzielt haben, ist ein verbreiteter Irrtum. Geduld erlaubt es Ihnen in Ihren Zwanzigern und darüber hinaus, mit dem Urteil anderer umzugehen. Als meine finanziell erfolgreichen Freunde in den Laden meines Vaters kamen und mich mitleidig ansahen, lag es an der Geduld, dass ich so mühelos damit umgehen konnte.

Dabei sind Geduldige nicht weniger ambitioniert oder hartnäckig. Es ist durch Geduld möglich, größere Träume zu verwirklichen.

Ich will sehr offen sein: Ich bin noch nicht einmal in die Nähe dessen gekommen, was ich erreichen möchte. Nicht im Entferntesten.

Trotzdem bin ich mir bewusst, dass ich in den Augen anderer eine Menge erreicht habe. Aber für mich? Ebenso wie Sie habe ich das Gefühl, dass noch vieles zu tun ist. Ich werde 46 Jahre alt sein, wenn dieses Buch erscheint, und ich bin nach wie vor geduldig. Ich habe es nicht eilig, meine Träume in den nächsten Jahren zu verwirklichen – ich freue mich vielmehr auf die nächsten 46 Jahre.

Sie können sich sicher vorstellen, warum ich auf Konferenzen versuche, die Kids wachzurütteln und ihnen zu verstehen zu geben, dass sie das höchste Gut zur Verfügung haben: Zeit. Für euch 22-Jährigen: Müsste ich alles geben, um mit euch tauschen zu können, ich würde es tun.

Gleichzeitig möchte ich die 66-Jährigen daran erinnern, dass die nächsten 25 Jahre durch die moderne Medizin genügend Zeit bieten, um das zu erreichen, was man sich mit 13, 23 oder 33 erträumt hat. Es ist immer noch Zeit, sich seiner Neugier hinzugeben. Für mich ist Geduld die grundlegende Eigenschaft – nicht nur für den Praktikanten auf Einstiegsebene, sondern auch für den CEO, den COO und die leitenden Angestellten.

Ist man als Führungspersönlichkeit geduldig, bietet man seinen Mitarbeitern Raum, um zu wachsen und sich mit der Zeit zu entwickeln. Mit einem Mal ärgert man sich nicht mehr über die kleinen Fehler, die ihnen in den ersten Wochen bei der Arbeit unterlaufen. Man hat mehr Freude daran, junge Talente im Laufe der Zeit zu fördern und aufzubauen. Man ist eher bereit, ihre Leistung im Gesamten zu betrachten, anstatt Teilergebnisse in Woche 1 oder Woche 10 überzubewerten. Hat man mit sich selbst Geduld, kann man mit anderen geduldig sein.

Wie viele andere Eigenschaften muss Geduld jedoch mit freundlicher Offenheit in ein Gleichgewicht gebracht werden. Denn wenn man allzu geduldig ist, droht die Gefahr, die Grundlage für Ressentiments zu schaffen. Wenn ich in der Vergangenheit die Geduld verlor, waren unverständliche, schlampige Abgaben die Folge. Sollte es sich erweisen, dass die für einen bestimmten Job eingestellten Mitarbeiter der Aufgabe nicht gewachsen sind, muss freundliche Offenheit ins Spiel kommen.

Ich habe eine interessante Erkenntnis für Sie: Fast immer, wenn ich einen Inhalt über Geduld einstellte, lauteten erstaunlich viele Kommentare: „Leichter gesagt als getan“. Ich möchte Sie beim Entdecken Ihrer Hälften daran erinnern, dass alles Großartige schwierig sein sollte.

ÜBERZEUGUNG

Eine fest verankerte Ansicht oder Meinung.[24]

Wieso sollte ich an die Öffentlichkeit gehen und schreiben, dass NFTs eine Revolution der menschlichen Kreativität lostreten werden? Warum sollte ich mich selbst in eine Lage bringen, in der ich vor so vielen Menschen so dermaßen falsch liegen könnte, obwohl NFTs noch in den Kinderschuhen stecken?

Seine Überzeugungen laut auszusprechen ist eine Schwachstelle. Man könnte sich irren.

Für mich ist Überzeugung jedoch wie eine Religion. Mir ist durchaus klar, dass das ein starkes Statement ist, und ich will auch niemanden verärgern. Ich sage das, weil es ein fester Glaube ist. Ich glaube an meine geschäftlichen Überzeugungen wie an eine Religion. Bin ich von etwas überzeugt, kann mich nichts aufhalten.

Die Überzeugung ist der Polarstern, der einen auf Kurs hält und dafür sorgt, dass man – trotz der unausweichlichen Hindernisse – auf der Reise hartnäckig ist. Ohne Überzeugung versäumt man wegen der Meinungen anderer große Chancen und verliert, was das Schlimmste ist.

Würden Elon Musk, Warren Buffett, Oprah Winfrey und Jeff Bezos in diesem Moment mein Zimmer betreten und sagen, dass NFTs kein langfristiges Potenzial aufweisen, können Sie sich gar nicht vorstellen, wie wenig ich auf das geben würde, was sie zu sagen hätten.

Trotz all ihrer geschäftlichen Erfolge und Innovationen würden es ihre subjektiven Meinungen nicht schaffen, meine Überzeugung zu durchdringen.

Und wenn in sieben Jahren keiner NFTs kauft? Diese Marktdaten könnten meine Meinung ändern. Was meine Meinung jedoch nicht ändert, sind die Ansichten von vier Menschen, egal wie erfolgreich sie auch sein mögen. Auch wenn sie in der Vergangenheit erfolgreich waren. Das ist nicht immer ein Garant dafür, dass sie in Zukunft richtigliegen.

Darum doziere ich nicht zu Themen, über die ich nichts weiß. Ich habe keine Meinung zum Mars. Die virtuelle Realität weckt meine Neugier und ich habe dazu meine Theorien, aber ich brauche mehr Erkenntnisse aus dem Markt, bevor ich mich öffentlich mit meinen Überzeugungen äußere. Ich muss das Verhalten der Endverbraucher „fühlen".

Die erweiterte Realität (Augmented Reality) begeistert mich, weil es Pokémon Go tatsächlich schon gab. Ich sah, wie Leute rechts ranfuhren und aus dem Auto sprangen, um einem nicht existenten Pikachu im Wald hinterherzujagen. Was bedeutet, dass er *doch* existierte. Ich zweifle keinen Augenblick daran, dass wir in einem Mixed-Reality-Universum leben werden. Augmented Reality mag noch nicht ganz ausgereift sein, aber wir werden sie erleben. Das tun wir ja bereits.

Als ich sah, wie ein paar Nerds 1994 aus ihren Kellern heraus über das Ding namens Internet miteinander sprachen, wusste ich, es ist nur eine Frage der Zeit, bevor es die ganze Welt tun würde. Als ich sah, wie ein paar Kids Fortnite spielten oder digitale Güter kauften, wusste ich, es ist nur eine Frage der Zeit, bevor Erwachsene dem Beispiel folgen würden. Tatsächlich habe ich Erwachsene beim Spielen gesehen: Das Spiel hieß Farmville und man konnte es 2010 auf Facebook spielen.

Ich stelle oft fest, dass meine Ansichten im Widerspruch zu Berichten oder offiziellen Studien stehen. Meine Frage ist stets: *„Wie sind Sie zu den Ergebnissen in diesem Bericht gelangt?"*

Entspricht er einem getreuen Abbild des Marktverhaltens? Oder sind Sie zu dem Schluss gekommen, dass – sagen wir – 67 Prozent der Amerikaner Kaffee köstlich finden, weil Sie 91 Menschen befragten und behaupteten, die Zahlen wären repräsentativ?

Ich versuche, in konstanter Osmose mit allen 328 Millionen Menschen in den Vereinigten Staaten zu leben. Ich will den Puls der Kultur spüren und lebe in einem permanenten Zustand der Neugier und Empathie, die den Weg zu festen Überzeugungen ebnen.

Weil sich meine Ansichten aus meiner Intuition speisen, denke ich nicht, dass ich „recht" habe. Vielmehr bin ich alt genug, um zu wissen, dass meine Intuition eine solide Erfolgsbilanz vorzuweisen hat.

Dieses Spiel habe ich oft gewonnen. Anfänglich heißt es „Nein", was sich dann zu einem „Vielleicht" ändert und letztlich zu einem „Sie sind ein Innovator" oder „Wie konnten Sie das vorhersagen?" wird.

Das ist das Fundament meiner beruflichen Laufbahn. Fokusgruppenbefragungen mit 100 Leuten durchzuführen, wird Ihnen nicht immer dieses Ergebnis bringen.

Wenn Sie Ihre Überzeugungen gegen den gesellschaftlichen Widerstand weiterverfolgen, kann zweierlei passieren: Entweder Sie behalten recht oder Sie sind froh, es durchgezogen zu haben. Wenn Sie Ihren gut bezahlten Job in einer Anwaltskanzlei aufgeben, um eine Modemarke zu gründen, die nach zwei Jahren scheitert, müssen Sie sich nicht schämen, dass Sie den Job – entgegen des Rats Ihrer Mutter – nicht behalten haben. Sie können erleichtert sein, dass Sie sich im Alter nicht fragen müssen: „Was wäre geworden, wenn ich es gewagt hätte?"

Ich sterbe lieber durch mein eigenes Schwert als durch das eines anderen. Bis der Markt mir sagt, dass ich falsch liege, halte ich an meinen Überzeugungen fest. Wenn das passiert, nehme ich mit voller Überzeugung Anpassungen vor.

Mit der Zeit bin ich so weit herangereift, dass meine Überzeugungen achtsamer sind. Ich glaubte beispielsweise an harte Arbeit, und das tue ich noch. Nachdem ich aber erlebt habe, wie der Markt meine Aussagen zu harter Arbeit fehlinterpretiert hat, kann ich inzwischen ein umfassenderes Bild zeichnen. Ich bin dazu übergegangen, zu betonen, dass man zunächst seine Arbeit lieben muss. Denn harte Arbeit ist ohne Liebe und Passion nicht aufrechtzuerhalten. Heute arbeite ich so hart wie alle anderen, die ich kenne. Meine Arbeitsmoral in der Schule ließ jedoch zu wünschen übrig, weil ich es hasste und es überhaupt nicht zu meinen Ambitionen passte.

Bei mir war es so mit der Schule. Bei Ihnen mag es mit Ihrem Job so sein. Oder vielleicht sogar mit dem Unternehmertum. Vielleicht möchten Sie in einem strukturierten System arbeiten. Wenn Sie ein eigenes Unternehmen führen, lastet auf Ihnen mehr Druck als auf jedem anderen Mitarbeiter in Ihrem Unternehmen. Vielleicht gefällt Ihnen das nicht. Vielleicht wollen Sie, dass sich ein Vorgesetzter oder CEO um die Zukunft des Unternehmens kümmert und es Ihnen abnimmt. An diesem Punkt kann Selbstbewusstsein dazu führen, Überzeugungen zu den eigenen Ambitionen zu entwickeln.

DEMUT

Die Eigenschaft, eine bescheidene oder geringe Meinung über die eigene Bedeutung zu haben; Bescheidenheit .[25]

Tatsächlich hasse ich diese Definition. Wieso wird denn Demut als geringe Meinung angesehen? Zur Hölle damit!

Allerdings bin ich schon der Meinung, dass man ein bescheidenes Selbstverständnis hat. Ich möchte behaupten, ein faires, vielleicht sogar ein mitfühlendes Selbstverständnis. Für meine berufliche Laufbahn habe ich Dauerziele, aber ich lasse mich nicht aus der Fassung bringen – selbst wenn legendäre Kultfiguren wie Prince und David Bowie, Prominente oder einflussreiche Politiker sterben, trauern wir eine Zeit lang, aber dann geht das Leben weiter. Mir ist bewusst, welch kleine Rolle ich wirklich im großen Ganzen spiele, und wenn man darüber nachdenkt, wird man bescheiden. Es ist einerlei, wie viele Auszeichnungen ich verliehen bekomme, wie sehr ich von Menschen gelobt werde. Ich lasse nicht zu, dass ich dem Glauben verfalle, ich sei etwas Besseres als alle anderen.

Demut ist eine Voraussetzung dafür, wenn man eine bleibende positive Reputation pflegen und ein bewundernswertes Vermächtnis hinterlassen möchte. Führungskräfte können ohne Demut keinen dauerhaften Erfolg erzielen. Was nicht bedeutet, dass sie nicht in leitende Positionen gelangen und Geld verdienen können. Je nach Organisation ist es durchaus möglich, dass ein egoistischer Führungsstil zu Beförderungen und Gehaltserhöhungen führt. Trotzdem dürfte über diese Führungskräfte zwangsläufig hinter ihrem Rücken schlecht gesprochen werden. Wenn Ihre Reputation die Zeit überdauern soll, dann ist Demut zwingend nötig.

Sie ist eine der anziehendsten Charaktereigenschaften, die Menschen haben können.

Erlauben Sie mir folgende Fragen: Wollen Sie von Leuten, die Sie nicht im Mindesten kennen, für den Besten gehalten werden? Und sollen Sie jene, die Sie am besten kennen, für den Schlimmsten halten? Ich glaube wirklich, diese Fragen müssten sich die meisten Menschen stellen. Viele sind verunsichert, wenn sie Erfolgsstorys von Leuten sehen, die keine guten Menschen sind. Aber waren sie denn wirklich erfolgreich? Wie fühlten sie sich, als sie ganz oben waren? Und viel wichtiger, wie werden sie sich in ihren letzten Lebenstagen fühlen?

Für mich wäre es das Erschütterndste im Leben, wenn ich zwar meine finanziellen und beruflichen Ziele erreichen würde, aber die Menschen, die mich am besten kennen, schlecht über mich reden. So ein Vermächtnis will ich nie haben. Es würde mich fertigmachen.

Weil meine Demut die am wenigsten offensichtliche Zutat in meinem Content ist, glaube ich, dass die mir Nahestehenden durch diese Eigenschaft überzeugt werden. Die meisten verwechseln meine Leidenschaft mit meiner Fähigkeit, Mitgefühl zu zeigen. Diejenigen, die meinen Content in den sozialen Medien konsumieren, denken vielleicht, meine Aggressivität und meine Wettbewerbsfähigkeit würden meine anderen Charaktereigenschaften überschatten.

Die Wettbewerbsfähigkeit haben wir als Skill nicht in dieses Buch aufgenommen, aber es stand wirklich auf der Kippe. Wenn ich je ein Nachfolgerbuch mit neuen Zutaten schreibe, schafft es diese Fähigkeit sicher mit hinein. Vielleicht halte ich sie aber auch zurück, weil der Wettbewerbsfähigkeit womöglich ein ganzes Buch gewidmet sein sollte.

Es ist schon witzig, wie ich zum Wettbewerb stehe. Am liebsten würde ich meine Wettbewerber allesamt fertigmachen, wenn wir auf dem Spielfeld gegeneinander antreten. Wenn ich aber verliere, setzt augenblicklich Demut ein. Ich habe verloren und darf mir nichts vormachen. Diese Zutat erlaubt es mir, die Vorzüge des Geschäfts zu genießen, unabhängig davon, ob ich gewinne oder verliere.

Demut erzeugt ein tröstliches Gefühl der Sicherheit, das Sie dabei unterstützen kann, sich im Geschäftlichen schneller zu bewegen. Wenn ich alles verliere, bin ich bescheiden genug, mir eine günstigere Bleibe zu suchen. Ich scherze keineswegs, wenn ich sage, ich könnte in Kansas in einem Pappkarton hausen. Nach dem Aufwachen würde ich meinen Charme und meine Arbeitseinstellung aktivieren, um kostenfrei irgendwo duschen zu können, und dann wieder von vorn anfangen. Ich kann meinen Lebensstil verringern, ohne dass mein Ego getroffen wird. Aus dem Grund habe ich keine Angst, im geschäftlichen Bereich kalkulierte Risiken einzugehen. Denn meine Demut sichert mich jederzeit ab.

Was werden die Leute schon sagen? Dass es unfassbar ist, dass ich so tief gesunken bin? Dass sie es haben kommen sehen? Dass jeder, der an mich geglaubt hat, zum Narren gehalten wurde?

Müsste ich aus finanziellen Gründen in einer ranzigen Bude wohnen, würde ich die volle Verantwortung übernehmen. Denn offensichtlich gab es in meinem Betriebssystem eine Schwachstelle, die zu einem katastrophal schlechten Verhalten und einer Reihe von Fehlern führte. Mit Demut und der aus dem Selbstbewusstsein erwachsenden Eigenliebe wäre es einfacher, Verantwortung zu übernehmen. Natürlich *möchte* ich mich nie in so einer schwierigen Lage wiederfinden, gleichzeitig habe ich aber keine Angst, weil ich weiß, wie ich diese zwölfeinhalb Zutaten einsetzen muss, um auf jedes mögliche Szenario zu reagieren. Demut hilft, die Essenz vieler der anderen Eigenschaften zu unterstreichen.

Fast alle Leser können Wege finden, weniger Geld auszugeben, und doch halten sie es nicht für möglich. Reduziert man den eigenen Lebenswandel, wird es realistischer, die eigenen Passionen zu verfolgen oder beruflich ein kalkuliertes Risiko einzugehen. Viel zu fürchten gibt es nicht. Manchen, die 248.000 US-Dollar im Jahr verdienen, läuft es allein beim Gedanken an ein Gehalt von 200.000 US-Dollar kalt den Rücken hinunter. Sie sind nicht bereit, ihr Auto umzutauschen, ihr Haus zu verkaufen oder einen Luxusurlaub aufzugeben, um etwas bescheidener zu leben. Die oben genannten Zahlen lassen sich auch durch 80.000 und 68.000 oder durch 40.000 und 34.000 US-Dollar ersetzen. Das Spiel bleibt dasselbe.

Wenn Sie bereit sind, kurzfristig einen finanziellen Rückschritt in Kauf zu nehmen, müssen Sie sich nicht davor fürchten, den Job zu verlieren oder nach drei Jahren das Geschäft aufzugeben. Und plötzlich ist es gar nicht mehr so beängstigend, den Sprung zu wagen und den kleinen Youtube-Kanal Vollzeit zu betreiben. Sie lassen sich nicht von Kollegen beirren, die auf Sie herabsehen, weil Sie den Job als Führungskraft aufgeben, um einen Vlog über Ihre Leidenschaft für Root Beer aufzubauen.

Hat man ein faires, bescheidenes Selbstverständnis, ist man anderen gegenüber deutlich im Vorteil, weil man bereit ist, etwas zu tun, wofür ihnen die Bereitschaft fehlt. Für diejenigen unter Ihnen, die eine Marke aufzubauen versuchen: Sie müssen demütig sein, um zum ersten Mal ein Video von sich selbst im Internet zu posten.

Demut hält Sie davon ab, sich endlos über die Aspekte der Content-Erstellung den Kopf zu zerbrechen, die die meisten Leute aufhalten: *Sieht mein Bild gut genug aus? Was werden die anderen über diese Farben denken?*

Sie können Ihre Meinung auch leichter ändern, wenn neue Daten vorliegen. Beispielsweise neigen Manager und Führungskräfte dazu, schlechte Mitarbeiter zu spät zu feuern, weil sie stolzer auf ihren „guten Einstellungsprozess" sind als darauf, ein gutes Unternehmen zu führen. Ist man demütig, kann man zugeben, dass man den oder die Kandidatin falsch eingeschätzt hat.

Eben wegen meiner Demut habe ich nicht das Bedürfnis, an meinen getroffenen Entscheidungen festzuhalten. Ich kann meine Meinung in zwei Sekunden ändern und tue das auch die ganze Zeit. Im

Moment bin ich total heiß auf meine NFT-Projekte. Sollte aber Wichtigeres auftreten, werde ich keine Sekunde zögern, die NFTs auf geringere Priorität abzustufen.

Meine Definition von *Demut* wäre „Das Zufriedensein mit dem Selbstverständnis der eigenen Stellung in der Welt." Das halte ich für genauer. Zur Hölle mit euch, ihr Wörterbücher. ;)

AMBITION

Ein starker Wunsch, etwas zu tun oder zu erreichen, der typischerweise Entschlossenheit und harte Arbeit erfordert.[26]

Wissen Sie, was passiert, wenn Sally Thompson in elf Jahren die Jets kauft und nicht ich?

Die ganze Welt würde sich über mich lustig machen. Können Sie sich vorstellen, wie diese Social-Media-Posts aussehen würden? Ich würde einen Shitstorm erhalten.

Ich habe mich selbst in eine Lage manövriert, in der mich die breite Masse – sollte ich diese absolut unwahrscheinliche Meisterleistung nicht vollbringen – als Versager sehen würde. Auch wenn ich zwei Milliarden US-Dollar verdiene. Auch wenn ich einer der erfolgreichsten Unternehmer werde. Wenn ich die Jets nicht kaufe, wird die Welt sagen, ich hätte verloren.

Komischerweise reizt mich das, weil nur eins von zwei Dingen eintreten kann:

Ich kaufe die Jets und schaffe eine der inspirierendsten Lebensgeschichten aller Zeiten, oder ich schaffe es nicht. Das würde es mir ermöglichen, der Welt durch meine Handlungen einige wichtige Lektionen zu erteilen: dass man Dinge aufgrund des Weges tun sollte, nicht aber im Hinblick auf das Ziel.

Egal wie es ausgeht, ich habe bereits gewonnen. Mir das Ziel zu setzen, die Jets zu kaufen, gibt mir die Möglichkeit, mein Leben lang

Unternehmen auf- und auszubauen, und genau das macht mir Freude. Es macht so viel Spaß, Strategien zu entwickeln und alle Einzelteile zu einem Ganzen zusammenzufügen: Es ist wie ein riesiges Puzzle, das ich lösen darf.

Mein Auftrag in den nächsten 30 Jahren lautet: Große Marken kaufen, wenn sie unterbewertet sind, sie dann auszubauen und für Milliarden von Dollar zu verkaufen, um letztlich die Jets zu kaufen. Dass ich VaynerMedia aufgebaut habe, ist ein strategischer Schritt in diese Richtung. Unsere Arbeit mit Fortune-500-Marken gibt mir einen Einblick in ihre Funktionsweisen. Dieses Fundament musste ich legen, damit ich die Ressourcen von VaynerMedia einsetzen kann, um die Marken auszubauen, die ich in Zukunft kaufen werde. Das könnte auch dabei helfen, neue Marken zu gründen, oder mir bei etwas Unterstützung bieten, das ich im Moment noch nicht absehen kann. Über die Infrastruktur von VaynerMedia zu verfügen, erlaubt mir jedoch, die Chancen der Zukunft zu skalieren.

Menschen haben tendenziell eine ungesunde Beziehung zu ihren Ambitionen. Das liegt zum Teil daran, dass sie so ihre Unsicherheiten überspielen möchten. Manche Menschen setzen sich das Ziel, erfolgreiche Unternehmen aufzubauen oder sich prestigeträchtige Titel in Organisationen zu sichern, damit sie ihren Eltern, ihrer besseren Hälfte oder den zweifelnden Highschool-Freunden etwas beweisen können. Ihre Ambitionen sind großartig, ihre Motivation gründet sich jedoch eher auf Unsicherheit als auf Neugier oder Selbstbewusstsein.

Deshalb setzen sich Menschen auch Fristen für ihre Ziele. Ich brannte nie darauf, die Jets in meinen Dreißigern oder Vierzigern kaufen zu müssen. Ich arbeitete stets nur für mich selbst darauf hin, für niemanden sonst. Auch wenn ich es erst mit 60, 70 oder auch später schaffe, werde ich mich wahnsinnig freuen.

So wie ich früher Offenheit nicht von einer negativen Einstellung trennen konnte und so wie andere Hartnäckigkeit nicht von einem Burn-out unterscheiden können, so schafft es ein anderer Personenkreis nicht, Ehrgeiz und Boshaftigkeit auseinanderzuhalten. Sie sehen Führungskräfte, berauscht vom Ehrgeiz, die alles zerstören, was sich ihnen auf dem Weg zu ihren Zielen in den Weg stellt. Genau das versuche ich mit diesem Buch zu ändern. Um jeden Preis zu gewinnen, zieht Konsequenzen nach sich.

Das Leben ist lebenswert, wenn man mit seinen Ambitionen gut klarkommt. Ich wache morgens auf und verfolge meinen Traum, und doch habe ich es so was von nicht nötig, ihn zu erreichen. Es ist eine wunderbare Kombination aus Überzeugung und Demut. Ich bin fest davon überzeugt, es zu schaffen, und doch *muss* ich es nicht schaffen. Ambition kommt einer gesunden „Möhre" gleich.

Fragen Sie sich, was Sie erreichen möchten, und wichtiger noch, warum Sie es erreichen möchten. Erzählen Sie, Sie würden mal eine eigene Sportmannschaft besitzen, weil Sie den Respekt und die Bewunderung der anderen suchen? Möchten Sie wirklich nur eine bequeme, geregelte Arbeit und drei Urlaube im Jahr? Wollen Sie sich tatsächlich den Kopfschmerzen aussetzen, die der Job eines CEO mit sich bringt? Oder möchten Sie einfach diesen Titel auf Instagram und LinkedIn einsetzen?

Oder haben Sie im Gegensatz zu alledem *Angst,* anderen von Ihren Ambitionen zu erzählen, weil Sie fürchten, man würde Sie für wahnsinnig halten?

Ich liebe es, öffentlich – vor aller Welt – über meine Ambitionen zu sprechen, weil es mich zur Verantwortung zieht. Allerdings lasse ich damit auch zu, dass mich die ganze Welt auslacht, sollte ich versagen.

Aber genau an diesem Punkt greifen alle Zutaten ineinander. Denn letztlich mache ich das nicht für irgendjemand sonst, sondern nur für mich selbst.

TEIL ZWEI

BEISPIELE AUS DER PRAXIS

Es fasziniert mich, dass der Geschmack eines Steaks, eines Fisches oder eines Salates ganz von den Zutaten abhängt, die verwendet werden. Ein Salat kann sehr unterschiedlich schmecken, je nach Dressing oder der Kombination der verwendeten Toppings. Fehlt Salz, kann das Essen fad werden, zu viel davon und es übertüncht die anderen Aromen.

Ebenso verhält es sich mit den Zutaten aus Teil I: Sie können nur dann ihre Wirkung entfalten, wenn sie in einer entsprechenden Mischung eingesetzt werden. In diesem Teil lesen Sie, in welchen Kombinationen Sie sie meiner Ansicht nach anwenden können, um auf verschiedene realistische Szenarien zu reagieren, wie zum Beispiel

- wenn Sie eine Gehaltserhöhung verhandeln,
- wenn Sie Ihren Boss dazu bewegen wollen, Ihre Bemühungen anzuerkennen,
- wenn Sie zusehen, dass ein Kollege befördert wird und Sie übergangen werden,
- wenn Sie einen Geschäftspartner konfrontieren, der Sie bestohlen hat,

- wenn Sie Bedenken zur psychischen Gesundheit ansprechen,
- wenn Sie den Enthusiasmus, den Antrieb und die Leistung Ihres Teams verbessern,
- wenn Sie sich unerwartet in einer Managementposition wiederfinden,
- wenn man anderen mit Innovationen stets einen Schritt voraus sein will und
- wenn man die Entscheidung treffen soll, ob man einen Job behält oder lieber ein Nebenprojekt in Vollzeit verfolgt.

Und noch vieles mehr. Einige dieser Szenarien sind angelehnt an Nachrichten aus meiner Nachrichtengruppe (SMS an +1-212-931-5731 zur Aufnahme). Andere hingegen wurden durch Kommentare in den sozialen Medien, Unterhaltungen aus dem wahren Leben oder Fragen, die mir bei Vorträgen gestellt werden, inspiriert.

Wenn Sie lesen, wie ich die zwölfeinhalb Zutaten in den folgenden Szenarien einsetzen würde, möchte ich nicht, dass Sie blindlings glauben, dass ich recht habe. Indem ich Ihnen meinen Standpunkt zeige, sollen Sie Ihren eigenen Weg zur Verwendung der Zutaten in den Kombinationen finden, die für Sie und die Szenarien in Ihrem Leben stimmig sind.

Szenario 1:

Ihr Kollege Brandon und Sie haben ungefähr zur gleichen Zeit im Unternehmen angefangen. Ihrer Ansicht nach sind Sie sich recht ähnlich, wenn es um Fertigkeiten, Persönlichkeit und Tatendrang geht. Von den zehn Leuten im Team sind Sie beide die besten. Die nächste Beförderung geht allerdings an Brandon, nicht an Sie. Was würden Sie tun?

Die erste Zutat, die mir in den Sinn kam, war Freundlichkeit. Ich glaube wirklich, dass man sich innerlich leichter fühlt, wenn man als erste Reaktion Freude für den Kollegen zeigt. Und wenn man sich innerlich leichter fühlt, wird die unausweichlich notwendige Unterhaltung einfacher. Um ehrliches Feedback zu erhalten, können Sie einen Termin mit dem Entscheidungsträger (zum Beispiel Ihrem Vorgesetzten) vereinbaren und Folgendes sagen:

> *Gleich vorneweg, Brandon ist großartig und ich freue mich sehr über seine Beförderung. Obwohl ich Ihre Entscheidung respektiere, wüsste ich gern, wie Sie das sehen. Aus welchen Gründen haben Sie sich für Brandon entschieden?*

Unabhängig davon, wie die Antwort ausfällt: Vergessen Sie nicht, dass das keine endgültige Aussage über Sie ist, sondern lediglich die subjektive Meinung einer Person, die eine Entscheidung zu treffen hatte. Das ist weder ein Stigma noch ein abschließendes Urteil über Ihre Fähigkeiten. Die Führungskraft stützt ihre Entscheidung auf das, was sie „sehen" kann.

In meinem persönlichen Team treffen entweder Andy Krainak (mein Teamleiter) oder ich die Entscheidung, wer gut ist oder nicht. Und obwohl ich immer darauf achte, wie meine Teammitglieder arbeiten und ich dabei äußerst intuitiv vorgehe, entgeht mir dennoch ein ganzer Schwung an Informationen zu meinen Mitarbeitern. Ich kenne nicht alle Zusammenhänge rund um die Geschehnisse. Die kennt kein Manager und keine Führungskraft. Sie müssen nicht mit sich unzufrieden sein, weil ein oder zwei Leute subjektiv entschieden haben, dass Brandon eine bessere Leistung erbringt als Sie.

Denken Sie daran: Was Sie mit Sicherheit *nicht* wollen, ist angriffslustig in das Gespräch zu gehen. Jeder, der mit Wut oder Aggression anstelle von freundlicher Offenheit eine Besprechung beginnt, hat bereits den Grundstein für ein negatives Ergebnis gelegt. Und das wird zu einem Ereignis, das der eigenen Karriere sehr viel abträglicher ist als jede vermeintlich wahrgenommene Erfolglosigkeit. Wenn Sie schon angefressen hereinkommen, ist es vorbei, noch bevor es angefangen hat.

Wenn Sie die Szenarien und meine empfohlene Reaktion durchlesen, könnten Sie denken, sie wären vortrefflich, aber schwer umzusetzen. Oder anders formuliert: „Leichter gesagt als getan." Sollte das der Fall sein, müssen Sie begreifen, dass Sie als Mensch getriggert wurden. Das kann ich mitfühlen. Wir alle haben bei der Entwicklung der Zutaten mit Herausforderungen zu kämpfen. Für einige ist es schwieriger als für andere. Es gibt Menschen, die ich von Herzen liebe, die fänden fast alle meine in diesem Buch vorgestellten Vorschläge unmöglich umzusetzen. Es bedeutet nur, dass Ihre emotionale Kapazität nicht groß genug ist, um Herausforderungen beim ersten Auftreten in den Griff zu bekommen. Diese Schwäche hat ihre Ursache in einer Million verschiedener Aspekte, auch in Natur und Umwelt, sprich in Veranlagung und Erziehung.

Wenn sich die folgenden Reaktionen auf Szenarien für Sie unnatürlich anfühlen, sollten Sie selbstbewusst sein und Abstand gewinnen. Wenn es nötig ist, legen Sie das Buch weg, zünden Sie eine Kerze an und denken Sie nach. Fragen Sie sich, ob dieses Buch nützlich sein könnte. Könnte das eine Möglichkeit sein, etwas freizulegen, das Sie beruflich – oder gar im Leben – bremst? Wieso haben Sie dieses Buch überhaupt zur Hand genommen? Wenn Sie Teil II durcharbeiten, erkennen Sie womöglich, dass es für Sie das Beste ist, eine Therapie zu machen. Oder vielleicht ein Gespräch von freundlicher Offenheit mit einem Elternteil zu führen oder mit einer Person in Ihrem Leben, die ein Umfeld der

Unsicherheit geschaffen hat. Oder vielleicht sollten Sie mehr Verantwortung übernehmen, also den Daumen auf sich selbst richten, anstatt mit dem Finger auf andere zu zeigen.

Szenario 2:

Ihre Vorgesetzte Olivia fordert von Ihnen mehr Eigeninitiative. Das überrascht Sie, denn aus Ihrer Sicht haben Sie bereits viel Energie darauf verwendet, Ideen zu entwickeln, um die Leistung und Produktivität Ihres Teams zu verbessern. Und diese Ideen haben Sie mit den anderen Teammitgliedern fortlaufend ausgetauscht. Was würden Sie tun?

Wenn Ihr Vorgesetzter oder Ihre Kundin Ihnen unerwartet negatives Feedback gibt, dürfte der weitere Fortgang maßgeblich davon abhängen, wie Sie das Folgende sagen:

Hey Olivia, können Sie mir etwas mehr Klarheit über Ihr Feedback verschaffen?

Ich möchte, dass Sie diesen Satz sieben Mal laut lesen.

Lesen Sie ihn wie jemand, der eher negativ eingestellt ist, was einen neuen Job angeht. Oder wie jemand, der nachtragend oder wütend ist. Lesen Sie ihn wie ein egoistischer Mitarbeiter, der die Fähigkeiten des Managers gering schätzt. Lesen Sie ihn wie ein verschwenderischer Mensch, der sich um die Zahlungen für eine neue Luxuskarosse Sorgen macht.

Und dann lesen Sie ihn wie jemand, der die Zukunft optimistisch sieht. Lesen Sie ihn wie jemand, der demütig und neugierig ist und mehr lernen will. Lesen Sie ihn wie jemand, der nicht auf Schuldzuweisungen zurückgreift.

Hören Sie, wie unterschiedlich derselbe Satz klingt? Die emotionalen Eigenschaften, die Sie in dieser Situation anwenden, können den Ton Ihrer Frage und möglicherweise auch das Ergebnis Ihrer Besprechung verändern.

Viele Mitarbeiter würden einfach annehmen, dass Olivia in ihrem Elfenbeinturm sitzt und keine Ahnung hat, was tatsächlich bei ihrem Team los ist. Ob das nun stimmt oder nicht, wenn man von dieser Annahme ausgeht, dürfte man schlecht auf kritisches Feedback reagieren. Sie stellen sich nicht auf eine produktive Unterhaltung ein. Die Wahrheit ist aber, dass Sie nicht wissen, was in Olivias Kopf vorgeht. Sie wissen nicht, was bei ihr zu Hause los ist. Sie kennen nicht den gesamten Kontext zu dem, was sich hinter den Kulissen abspielt.

Stattdessen könnten Sie Empathie und Neugier zeigen. Denn diese Zutaten geben Ihnen die Möglichkeit, zu hören, was Ihr Manager zu sagen hat, bevor Sie entscheiden, was Sie als Nächstes tun wollen. Damit sorgen Sie für ein ergiebigeres Einzelgespräch.

Wenn Sie nun positives oder negatives Feedback erhalten, müssen Sie Ihre Überzeugung vertreten und im Hinterkopf behalten, dass das Feedback subjektiv ist. Sie sind der Meinung eines anderen Menschen über Sie im Zusammenhang mit diesem Job ausgeliefert. Einer der Gründe dafür, dass ich schon immer gern Unternehmer war, ist die Tatsache, dass das Geschäftsergebnis das Urteil fällt, ob ich erfolgreich bin oder nicht – und nicht irgendein Mensch.

Dennoch gibt es zahlreiche Situationen, in denen wir uns mit subjektivem Feedback auseinandersetzen müssen. Ein Beispiel dafür sind Boxkämpfe ohne k. o. Man sieht es aber auch bei den Olympischen Spielen oder sogar im Schulwesen, wo eine Handvoll „Juroren" das Ergebnis bestimmen können.

Das Feedback einer Managerin oder eines Kollegen ist oft subjektiv. Es ist die Meinung eines anderen über Ihre Arbeit, und auch wenn sie auf Daten gestützt sein mag, muss sie nicht zwangsläufig das vollständige Bild vermitteln.

Wenn Sie es sich recht überlegen, kann die Erkenntnis tatsächlich befreiend sein. So viele Beschäftigte, die bei der Arbeit kritisches

Feedback erhalten, gehen schließlich nach Hause und trinken eine Flasche Whiskey, rauchen einen Joint oder setzen sich damit auf anderem Wege auseinander – und das alles nur, weil eine Person sagte: „Sie machen Ihre Arbeit nicht gut."

Das heißt nicht, dass Sie Feedback ignorieren sollten. Aber wenn Sie sich klarmachen, dass es sich lediglich um eine Einschätzung handelt, können Sie sie besser einordnen. Das ist keineswegs eine definitive Aussage über Ihr Maß an Talent.

Wenn mir beispielsweise jemand sagt, dass ich schlecht Tennis spiele und dieser Jemand zufällig mein lieber Freund Ryan Harwood ist, der eindeutig sehr viel besser Tennis spielt als ich, dann ist das durchaus einleuchtend für mich. Und darüber hinaus schwarz-weiß.

Aber das zur Debatte stehende Szenario ist nicht schwarz-weiß.

Wenn Sie Olivia als Mentorin sehen und sie Ihnen mitteilt, sie wären nicht proaktiv genug, können Sie das mit Zuversicht korrigieren. Wenn Sie sie allerdings nicht als Ihre Mentorin sehen – und wenn Sie das Gefühl haben, dass sie durch Unsicherheit, Egoismus oder böse Absichten motiviert ist –, können Sie diesen Kontext in Ihre Überlegungen einfließen lassen, wenn Sie ihre Bewertung hören.

Erhalten Sie negatives Feedback von ihr, beispielsweise direkt vor einem Gehaltserhöhungszyklus? Liegt das vielleicht daran, dass Olivia insgeheim nicht möchte, dass Sie mehr Geld verdienen? Könnte es sein, dass sie eines Tages besorgt war, weil sie ein gemeines Telefonat mit ihrem Geschwister führen musste und sie nun auf einen kleinen Fehler Ihrerseits übertrieben reagiert? Oder schlimmer noch, hat Olivia mit einer ernsten Gesundheitsgefährdung zu kämpfen, die ihr Verhalten in letzter Zeit beeinflusst hat? Nutzt sie ihre Mitarbeiter aus, weil sie weiß, dass es Hunderte andere gibt, die bereitwillig deren Platz einnehmen würden?

Vergessen Sie nicht: Optimistisch zu sein heißt nicht, naiv zu sein.

Wenn Sie mit Empathie und Neugier an die Sache herangehen, können Sie ein klareres Feedback erhalten. Im Anschluss unterstützen Sie die Eigenschaften Verantwortung und Überzeugung dabei zu entscheiden, was als Nächstes zu tun ist.

Ich hätte gern, dass die Menschen umsichtiger sind. Manche Leser sind vielleicht so weit, einen Job aufzugeben, den sie hassen. Andere decken womöglich fest verwurzelte Unsicherheiten auf, sind aber – nachdem man sich damit auseinandergesetzt hat – kurz davor, sieben Jahre in Folge befördert zu werden.

Szenario 2 – Anschlussfrage:

„Aus der Perspektive des Managers: Was kann Olivia tun, damit der Mitarbeiter Bestleistungen erbringt?“

Dankbarkeit zeigen.

Als CEO bin ich sehr dankbar, dass sich meine Mitarbeiter dafür entschieden haben, für mich zu arbeiten. Die Menschen haben eine Wahl – insbesondere in der heutigen Zeit, wo sich das mobile Arbeiten nach dem Jahr 2020 immer mehr durchsetzt. Ich fühle mich überaus geschmeichelt, wenn ein neuer Mitarbeiter in meinem Unternehmen anfängt.

Es heißt immer, Mitarbeiter müssten dankbar sein, dass sie einen Job haben. Aber es entspricht genauso der Wahrheit, dass Unternehmen dankbar sein sollten, Mitarbeiter zu haben. Wenn Unternehmen von sich eingenommen sind, schaffen sie ein Betriebsklima, das den Menschen keinen Grund gibt, zu bleiben oder Bestleistungen zu liefern.

Szenario 3:

Sie sind die Gründerin eines Unternehmens, das Seetangnudeln direkt an den Endverbraucher verkauft. Auch wenn Sie davon überzeugt sind, dass Seetangnudeln ein beliebter Trend und dazu eine gesunde Alternative zu Spaghetti sind, konnten Sie bislang kaum Erfolge vorweisen. Sie haben bereits sieben Jahre und eigenes Geld in das Geschäft investiert (Geld, das Sie

bei Ihrem früheren Job sparen konnten), Fremdkapital konnten Sie allerdings keins beschaffen. Auf der Bank sind – nach dem Startkapital von 216.000 US-Dollar – noch 13.000 US-Dollar übrig.
Was würden Sie tun?

Das ist das Szenario, über das sich Jungunternehmer den Kopf zerbrechen. Was, wenn Sie jahrelang versuchen, ein Neugeschäft aufzubauen und am 19. April verzweifelt und fast bankrott aufwachen?

In diesem Moment dürften Sie im Bett liegend murmeln: „Wie zum Teufel konnte es nur so weit kommen? Ich hatte einmal 216.000 US-Dollar an Ersparnissen. Es ging mir gut. Mein Job war in Ordnung, ich hatte Zeit für meine Freunde und war sieben Kilo leichter. Was habe ich getan? Für wen halte ich mich denn? Warum nur habe ich dieses Unternehmen gegründet?"

Damit steht man am Beginn eines dunklen Weges. Denn man fängt an, sich selbst zu quälen und unter der Last vergangener Entscheidungen zusammenzubrechen.

Schlimmer noch ist, dass man die Schuld bei anderen sucht, was das Problem deutlich verschärft. „Wieso musste mir GaryVee erzählen, dass ich Unternehmer werden soll? All diese Scheißtypen auf Instagram ... Wieso hat Papa mich dazu gedrängt? Warum hat Mama mich dieses Mal nicht aufgehalten?"

Nur allzu schnell zeigt man mit dem Finger auf andere. Wenn Sie sich in diesem Szenario wiederfinden, werden Sie am Morgen des 19. April nur positiv eingestellt sein, wenn Sie mit dem Daumen auf sich zeigen:

Ich wollte herausfinden, ob ich das hinkriege. Letztlich war es meine Entscheidung. Jetzt gehen zwar meine Ersparnisse zur Neige, aber ich bin dankbar, dass ich es probiert habe.

Im Alter von 83 Jahren werden Sie ganz euphorisch auf die sieben Jahre zurückblicken, die Sie mit dem Aufbau des Geschäftes verbracht haben. Ihren Hauptberuf haben Sie aus einem bestimmten Grund aufgegeben. Wären Sie geblieben und hätten weiter den Gehaltsscheck kassiert, hätten Sie jetzt vielleicht mehr Geld, aber das Was-wäre-wenn hätte Sie erdrückt.

Dieses Was-wäre-wenn ist reines Gift und im Alter der Ursprung von Reue und seelischem Schmerz. Sobald Sie aufwachen und einen dunklen Weg beschreiten wollen, entscheiden Sie sich rasch um:

> *Nein, niemand ist schuld daran, dass ich von 216.000 US-Dollar nur noch 13.000 US-Dollar übrig habe. Ich bin dankbar. Ich bin froh, dass ich das getan habe, weil ich es im Alter nicht bereuen werde.*

Oftmals wird darüber diskutiert, was in einer solchen Situation die „richtige" Entscheidung ist. Sollte man demütig sein und in den Hauptberuf zurückgehen? Oder doch lieber der eigenen Überzeugung treu bleiben und es weiter versuchen, bis die Ersparnisse ganz aufgebraucht sind? Spielen wir es einfach zusammen durch:

MÖGLICHKEIT 1: Sie entscheiden sich für die Rückkehr in Ihren Ganztagsjob in der Rechtswissenschaft, ein Gebiet, das Sie überhaupt nicht reizt.

Okay, Sie möchten also noch etwas Geld sparen.

Sobald Sie das Büro betreten, werden Sie eine gewaltige Portion Demut aufbringen müssen. Denn Sie müssen mit dem Arbeitskollegen sprechen, der bissig kommentiert hatte, dass Ihr Geschäft scheitern würde. Und Sie werden zugeben müssen, dass er recht hatte. Vielleicht hätte es Ihre Mutter nie direkt ausgesprochen, aber Sie wissen, dass sie mit dieser Idee auch nie einverstanden gewesen war. Und auch mit ihr werden Sie reden müssen.

Machen wir Möglichkeit 1 ein wenig schwieriger: 19 Monate nachdem Sie zurück in Ihren Job gegangen sind, gewinnen Seetangnudeln enorm an Popularität, nachdem ein paar berühmte Youtube-

Influencer Videos dazu gedreht haben und ein großer Gesundheitsbericht erschienen ist, der in Amerika auf Interesse stieß. Mit einem Mal hat Ihr drittgrößter Konkurrent, der stets hinter Ihnen zurücklag, den dominierenden Marktanteil erobert. Und Sie müssen dabei zusehen, wie Kraft Foods das Unternehmen Ihres Konkurrenten für 200 Millionen US-Dollar aufkauft.

Wenn Sie sich für Möglichkeit 1 entscheiden und dies eintritt, sind Demut und Dankbarkeit unabdingbar, um sich vor Selbstkritik zu schützen und auch davor, zu lange darauf herumzureiten. Sie mussten diesen Versuch einfach wagen. Auch wenn Sie am Ende nicht gewonnen haben, durften Sie es sieben Jahre lang versuchen – das ist so viel mehr, als die meisten Menschen jemals schaffen.

Möglichkeit 1 könnte sich aber auch ganz anders entwickeln. Vielleicht etablieren sich Seetangnudeln niemals. Und Ihre Konkurrenten scheitern ebenso. Sie hingegen starten womöglich wieder in Ihrem Job in einer Anwaltskanzlei durch, bauen Ihre Ersparnisse wieder auf und gewinnen einen neuen lebenslangen Freund im Unternehmen. Vielleicht lädt Sie dieser Freund zu einer Veranstaltung ein, wo Sie Ihren zukünftigen Ehepartner oder andere Eltern treffen, deren Kind der beste Freund oder die beste Freundin Ihres Kindes wird.

Erfolg im Geschäft ist nur ein Teil des Lebens. Was, wenn Ihr Seetangnudelbetrieb scheiterte, sich Ihr Privatleben aber tatsächlich verbessern würde?

Die Geschehnisse, die am Ende in Ihrem Leben das beste Gesamtergebnis erzielen, kann man nicht vorhersagen. Darum stehe ich so sehr auf Optimismus. Selbst wenn ich eine riesige Investitionsmöglichkeit verpasse, wer weiß, was geschehen wäre, hätte ich sie ergriffen? Was, wenn ich diese Chance ergriffen hätte und ich um die Welt hätte fliegen müssen, um eine Konferenz zu halten, und mein Flugzeug auf dem Weg dorthin abgestürzt und ich gestorben wäre? Was, wenn ich tatsächlich eine Katastrophe verhindert hätte, weil ich auf einen Deal verzichtete?

Im Januar 2020 kam die niederschmetternde Nachricht, dass Kobe Bryant und acht weitere Personen bei einem Hubschrauberunfall ums Leben kamen. Wären die coronabedingten Lockdowns in Amerika bereits im Januar 2020 verhängt worden und nicht erst im März, wären sie dann heute noch am Leben? Stellen Sie sich vor, dieser tragische Unfall wäre nie passiert.

So denke ich darüber. Man weiß nicht, ob ein Ereignis „gut“ oder „schlecht“ ist, weil man die Alternative dazu nicht kennt. Das Geschäft aufzugeben mag Ihnen etwas Unglaubliches geschenkt haben (wie eine lebenslange Freundschaft) oder Ihnen geholfen haben, etwas Furchtbares zu vermeiden (wie einen Unfall oder eine Erkrankung). Ich ziehe es vor, das Leben aus einem optimistischen Blickwinkel heraus zu betrachten.

MÖGLICHKEIT 2: Sie halten an Ihrem Seetangnudelbetrieb fest, bis Ihre Ersparnisse völlig aufgebraucht sind.

Auf die Null zurückzufallen ist ein überaus einsames Gefühl. Zahllose Menschen sind mit 400 US-Dollar nach Atlantic City oder Las Vegas gegangen, haben bis auf 80 US-Dollar alles verloren, träumten davon, diese 80 US-Dollar wieder auf 400 US-Dollar aufzustocken, verloren alles und mussten dann Geld von ihren Freunden leihen, um sich ein Taxi nehmen zu können.

In diesem Szenario dürften die letzten 13.000 US-Dollar Ihres Ersparten wahrscheinlich ganz auf null fallen.

Aber ich frage Sie: Wenn Sie mit 71 zurückblicken, würden Sie mit sich zufriedener sein, wenn Sie das volle Programm bis zur Null durchziehen, bevor Sie in die Anwaltskanzlei zurückgehen, oder wenn Sie sich diese 13.000 US-Dollar sparen?

Verluste zu minimieren ist wichtig, aber das Bedauern zu begrenzen ist auch wichtig. Selbst wenn sich Seetangnudeln nie durchsetzen, Ihre Konkurrenten kein explosionsartiges Wachstum erfahren und Kraft Foods in diesem Bereich niemals eine 200-Millionen-Dollar-Übernahme tätigt, können Sie mit 71 stolz darauf sein, dass Sie auf dem Spielfeld alles gegeben haben.

Es gibt hier keine richtige Entscheidung, die von Ihren eigenen Zielen in diesem Szenario abhängt. Was ich im Grunde sagen will:

Wenn Sie jede Entscheidung aus dem Blickwinkel des Optimismus betrachten und sich selbst gegenüber nett sind, ist es fast nie eine falsche Entscheidung. Sieht man etwas pessimistisch, gibt es bei jeder Entscheidung Probleme. Deshalb bin ich im Großen und Ganzen immer glücklich.

Szenario 3 – Anschlussfrage:

„Es liegt eher in meiner Natur, pessimistisch als optimistisch zu sein. Wie kann ich das ändern?“

Indem man sich mit Optimisten umgibt. Je mehr Zeit Sie mit pragmatischen, optimistischen Menschen verbringen, desto mehr wird sich Ihr Denken verändern.

Szenario 4:

Sie sind eine zweifache Mutter, die zu Beginn ihrer Karriere jede Menge Ambitionen hatte. Als die Kinder kamen, entschieden Sie sich gern dazu, zu Hause zu bleiben. Eines Tages verstirbt ihre Großmutter im Alter von 93 Jahren nach einem langen, erfüllten Leben. Sie haben sie stets bewundert und starten als Nebenprojekt ein Unternehmen, das von ihren hausgemachten Rezepten aus Ihrer Kindheit inspirierte Heidelbeermarmelade herstellt. Im ersten Jahr erfährt das Geschäft ein explosionsartiges Wachstum und Sie versuchen gleichzeitig, das Geschäft mit der Erziehung der beiden Kinder, die gerade zwölf und fünf Jahre alt sind, in Einklang zu bringen. Was also tun?

Zunächst einmal kommt das Selbstbewusstsein. Wohin soll das Unternehmen steuern? Möchten Sie es verkaufen? Oder einen Partner ins Boot holen? Soll es weiter wachsen, bis es Millionen von Dollar pro Jahr erwirtschaftet?

Dann müssen Sie unbedingt nett zu sich selbst sein. Als Hausfrau waren Sie die Haushaltsvorsteherin. Da Sie jetzt auch einem Unternehmen als CEO vorstehen, besteht eine hohe Wahrscheinlichkeit, dass ein paar Bälle beim Jonglieren zu Boden fallen.

Vielleicht kommen Sie sieben Minuten zu spät, wenn Sie Ihren fünfjährigen Sohn vom Fußballtraining abholen, wo Sie doch sonst immer pünktlich waren. Vielleicht reicht Ihre Zeit dafür, Ihren Fünfjährigen zu einer Freizeitaktivität anzumelden, wohingegen Ihre Zwölfjährige an dreien teilnehmen konnte. Vielleicht fühlen Sie sich schuldig, weil Sie Ihrer Zwölfjährigen nicht mehr so viel bei den Hausaufgaben helfen können, weil Sie noch Pakete für den Versand fertig machen müssen, und jetzt bekommt sie in Naturwissenschaften zum ersten Mal eine Drei, wo sie doch sonst immer eine Einserschülerin war.

Auch andere Eltern werden über Sie urteilen, vielleicht sogar Ihre eigenen. Womöglich sagt Ihre Mutter, Sie müssen sich mehr auf die Kinder (ihre Enkelkinder) konzentrieren und das Geschäft sein lassen. Möglich, dass Ihre Mutter ihre eigenen unternehmerischen Hoffnungen geopfert hat, um sich um Sie zu kümmern, und nun erwartet, dass Sie dasselbe für Ihre Kinder tun.

Eine mögliche Reaktion wäre es, zu sagen: „Ich *werde* das Marmeladengeschäft schließen. Ich mache es dann, wenn die Kinder mit der Schule fertig sind."

Wenn es wirklich das ist, was Sie tun möchten und es Sie glücklich macht, ist das eine absolut schöne Entscheidung. Allerdings geben sehr viele Mütter, die sich in dieser Lage befinden, ihre Unternehmen wegen ihrer Schuldgefühle auf. Mit der Zeit entwickeln sie aber etwas sehr viel Schlimmeres: Groll.

Und Groll nimmt zu, wenn man das eigene Glück zum Wohle anderer unterdrückt. Ihr Geschäft aufzugeben, damit Ihre Tochter in

Naturwissenschaften eine Eins bekommt, kann bewusst oder unbewusst zu einer Abneigung ihr oder den Menschen gegenüber führen, die Sie zu dieser Entscheidung gedrängt haben.

Stattdessen sollten Sie Ihre Lage durch den Blickwinkel des Optimismus betrachten. Ihnen ist nicht bewusst, dass Ihre Tochter jeden Ihrer Schritte bei der Leitung des Geschäfts beobachtet. Durch Ihre Handlungen sind Sie die Inspiration für ein junges Mädchen, das eines Tages glauben wird, dass Sie Präsidentin der Vereinigten Staaten werden kann – wenn sie es will. Sie lehren sie Geduld und Ambition. Andere Mütter mögen Sie dafür verurteilen, dass Ihre Tochter mit einer Drei zurechtkommen muss, aber Sie bereiten Sie damit darauf vor, im Leben zu gewinnen.

Sie müssen nett zu sich sein, damit die externe Beurteilung nicht Ihre Nerven angreift. In diesem Szenario werden tagtägliche Verluste häufig vorkommen.

Und ich hätte hier noch eine Herausforderung, die eventuell auf Sie zukommt: Ihre zwölfjährige Tochter ruft Sie an einem Freitagabend völlig außer sich von einer Pyjamaparty an. Sie möchte nach Hause kommen, weil ein paar der anderen Mädchen auf ihr herumhacken und sie dazu drängen wollen, Alkohol zu trinken.

Sie denken: *Scheiße, ich muss heute Abend alle Produkte zusammenpacken und sie morgen versenden, sonst bekommen die Kunden ihre Bestellungen nicht rechtzeitig zu ihren Veranstaltungen.*

Aber es ist Ihre Tochter, also hören Sie auf mit dem Packen und fahren sofort hinüber. Als Sie nach Hause kommen, möchte sie sich noch mit Ihnen unterhalten und Sie wollen für sie da sein. Sie schaffen Ihr Pensum nicht und schicken die bestellten Heidelbeermarmeladen stattdessen am Montag raus.

Am Freitag dieser Woche gehen E-Mails, Anrufe und Nachrichten in den sozialen Medien von Kunden ein, die eine Erstattung fordern. Da Sie den Versand zwei Tage zu spät erledigt hatten, kamen einige Bestellungen nicht rechtzeitig an.

In diesem Beispiel haben Sie sich wunderbarerweise entschieden, Ihre Tochter und nicht Ihr Unternehmen zu stützen. Aber es war

Ihre Entscheidung. Liegen Sie am Freitagabend nicht im Bett und fangen an, Ihrem Ehemann vorzuwerfen, dass er Ihnen nicht beim Päckchenpacken geholfen hat. Geben Sie keinem Ihrer Kunden die Schuld daran, dass Sie sie nicht unterstützen, auch wenn einige davon zufällig gute Freunde von Ihnen sind.

Wenn Menschen verletzt sind, teilen sie aus, indem sie anderen die Schuld zuschieben. Sie suchen verzweifelt nach einem Bewältigungsmechanismus, der normalerweise in Form von Schuldzuweisungen daherkommt.

Es mag anfangs nicht so scheinen, aber Verantwortung schafft Abhilfe. „Ich habe diese Entscheidung getroffen."

Und Sie brauchen auch Geduld. „Das ist ein schlechter Tag im großen Ganzen eines auf mehr als 50 Jahre angelegten Unternehmens. Das hat nichts zu bedeuten."

Und Überzeugung. „Ich werde trotzdem einen der größten Heidelbeermarmeladenbetriebe aller Zeiten aufbauen."

Und ganz besonders Dankbarkeit. Sie sollten etwas Abstand gewinnen und sich bewusst machen, dass Ihre Tochter gemobbt und von Gleichaltrigen zum Trinken gedrängt wurde. Diese Nacht hätte furchtbar enden können. Stellen Sie sich vor, sie wäre an einer Alkoholvergiftung gestorben und Sie hätten es durch einen panischen Anruf um vier Uhr morgens vom Vater des Mädchens erfahren, das die Pyjamaparty organisiert hatte. Sie hätten den Freitagabend damit verbringen können, die Päckchen zu packen, um die Bestellungen am Samstag zu versenden. Aber zu welchem Preis?

Wenn Sie sich so erschrecken können, dass Sie Ihre Sichtweise ändern, können Sie Ihre Probleme in den richtigen Zusammenhang rücken. Es ist kein angenehmes Gefühl, Erstattungsforderungen von Kunden zu erhalten, wenn man Stunden damit zugebracht hat, die Heidelbeermarmelade herzustellen. Aber an welcher Stelle steht diese Herausforderung im Vergleich zu allem anderen, was in jener Nacht hätte schiefgehen können?

In den Szenarien habe ich einige ganz schön aggressive Beispiele als Was-wäre-wenn genommen: Dass ich etwa auf dem Weg zu einer Konferenz bei einem Flugzeugunglück ums Leben komme oder Ihre Tochter an einer Alkoholvergiftung stirbt. Sie mögen zu extrem und unwahrscheinlich erscheinen, aber solche Dinge passieren tatsächlich. Meiner Ansicht nach halten sich die meisten von uns mit Dingen auf, die letztlich gleichgültig sind, weil wir aus den Augen verlieren, wie viel Glück wir haben, dass diese Extreme nicht eintreten. Ich entschuldige mich dafür, dass ich bislang so aggressiv war, aber ich werde es auch in Zukunft sein, weil es meine Meinung ist.

Szenario 4 – Anschlussfrage:

„In der Hitze des Gefechts ist es schwierig, dankbar zu sein. Wie machen Sie das?"

Viele Menschen missverstehen Dankbarkeit. Sie denken, man sollte für materielle Dinge dankbar sein – ein tolles Auto, ein Haus, eine schicke Uhr.

Die beste Form der Dankbarkeit beruht auf Schlichtheit. Ich bin dankbar, dass die mir am nächsten stehenden Personen gesund sind und am Leben. Aus diesem Grund bin ich jeden Tag glücklich. Das ist, was mich im Grunde interessiert. Alles andere ist zweitrangig.

Szenario 4 – Anschlussfrage:

„Wie kann ein nicht berufstätiger Elternteil die Beurteilung anderer überwinden, wenn man ein Unternehmen gründet?"

Eine nicht berufstätige Mutter könnte von ihrer Mutter folgende Aussage zu hören bekommen: „Ich hatte so viele Geschäftsideen, habe sie aber nicht weiterverfolgt, weil ich mir Zeit für dich nehmen wollte."

Hier fehlt aber sehr viel Kontext. Vielleicht hatte ihre Mutter einen Ehepartner mit hohem Einkommen, sodass sie nicht arbeiten musste. Vielleicht hatte ihre Mutter keine starken Geschäftsideen und keinen unternehmerischen Drang.

Menschen, die sich ein Urteil erlauben oder Ihre Situation mit der eigenen vergleichen, haben nicht den gesamten Kontext. Da sind Millionen Variablen im Spiel.

Szenario 5:

Sie studieren an einer der besten Wirtschaftsschulen der Welt. Ihr Schnitt ist sehr gut, Sie leiten ein paar studentische Organisationen und sind bestens aufgestellt, um lukrative Stellenangebote zu erhalten. Die meisten Ihrer Kommilitonen stellen sich bei Investmentbanken, Unternehmensberatungen oder Technologieunternehmen im Silicon Valley vor. Zwar sind Sie davon überzeugt, dass auch Sie diese Jobs kriegen könnten, aber nachdem Sie im vergangenen Sommer einen Onlineshop aufgebaut haben, begeistert Sie der Gedanke, Ihre eigenen Hoodies in Vollzeit zu vertreiben. Ihr Onlinegeschäft bringt Ihnen aktuell nur etwa 5.000 US-Dollar pro Jahr nebenbei ein und Ihr Studentenkredit beläuft sich auf 61.000 US-Dollar. Was würden Sie tun?

Wenn Sie diesen Schritt gehen wollen, müssen Sie sich als Erstes vergegenwärtigen, dass alle Welt „Nein!" rufen wird. Sie werden Druck bekommen von Ihren Eltern und Freunden, die es sicherlich gut meinen. Man wird die letzten drei, fünf, zehn oder 13 Jahre Ihres

Lebens betrachten und Ihnen sagen, dass Sie „alles wegwerfen“ und nicht das Beste aus der Investition in Ihren Abschluss herausholen.

Ich spreche unentwegt darüber, Erfolg neu zu definieren, weil ich finde, dass wir uns allmählich dem Beginn des Zeitalters nähern, in dem die Menschen tatsächlich glauben, was ich sage. Nämlich, dass es mehr Vergnügen bereitet, 130.000 US-Dollar im Jahr zu verdienen und dabei glücklich zu sein, als sich mit einem Verdienst von 470.000 US-Dollar elend zu fühlen.

Wenn Sie den Sprung wagen, Ihr Hoodie-Geschäft hauptberuflich zu führen, brauchen Sie eine große Portion Optimismus. Sie müssen daran glauben, dass Sie in 13 Jahren ein besseres Verhältnis zwischen Geld und Glück erzielen werden, als Sie als Senior Vice President einer Bank erreichen könnten.

Also müssen Sie Hartnäckigkeit mit Überzeugung koppeln, um alle Buhrufe zu überstehen. Es ist im Grunde, als würde man nach dem vierten gescheiterten Versuch in einem entscheidenden Playoff-Spiel mit Heimvorteil noch einmal alles geben. Wenn man da nicht umrüstet, wird man von 80.000 Zuschauern ausgebuht.

Haben Sie den Mumm dazu? Buhrufe werden Sie ohne Zweifel hören, wenn Sie diesen Weg gehen, aber Ihre Überzeugung gepaart mit Hartnäckigkeit kann Sie da durchbringen.

Darüber hinaus brauchen Sie Geduld. Es wird viele aufregende Jahre dauern, bis sich Ihr Geschäft von 5.000 US-Dollar pro Jahr nebenbei dahin entwickelt, dass Sie sich um einen Kredit von 61.000 US-Dollar keine Sorgen machen müssen. Ich sage aufregend, weil ich damals wusste, dass ich mich durch den Eintritt in das Familienunternehmen mit Anfang 20 nicht so schnell weiterentwickeln würde wie meine gleichaltrigen Freunde.

Ich musste in jener Zeit also Geduld, Hartnäckigkeit und Überzeugung an den Tag legen. Ich wünschte, ich hätte damals schon einen Vlog gehabt. Ich wünschte, jeder könnte all die banale Arbeit sehen, die ich tagtäglich in meinen 15-Stunden-Tagen in einem Spirituosengeschäft geleistet habe. Ich füllte Regale auf, erstellte eine E-Mail-Liste, sparte Geld und arbeitete richtig.

Die Leute meinen, das schnelle Geld sei die Antwort. Dabei ist es die größte Finte im Leben. Die Freiheit liegt entweder im extremen Reichtum oder der extremen Perspektive. Extremer Reichtum ist extrem selten, und selbst dann müssen viele erkennen, dass dieses Ziel nicht das Allheilmittel ist, das sie sich vorgestellt hatten. Die extreme Perspektive ist hingegen wahrlich befreiend.

Szenario 6:

Sie sind Influencer im Bereich Fitness und haben bereits früh Content auf Instagram generiert. Schnell haben Sie es geschafft, eine Million engagierte Follower zu gewinnen und eine Community aufzubauen. Anschließend gründeten Sie ein erfolgreiches Unternehmen, das Eiweißpräparate und Sportbekleidung verkauft. Während die Plattform im Zeitraum von 2015 bis 2021 herangereift ist, stagnierte Ihr Wachstum und der Umsatz ging sechs Jahre in Folge zurück. Fix hatten Sie über eine Million Follower, sechs Jahre später stehen Sie nur bei 1,7 Millionen.

In den sieben Jahren von 2015 bis 2021 waren wir alle Zeugen der nachstehenden Änderungen:

1. Die explosionsartige Zunahme an Podcast-Hörern.
2. Die zunehmende Reife des Direct-to-Consumer-Bereichs.
3. Die enorme Weiterentwicklung im Bereich Influencer-Marketing.
4. Das Aufkommen neuer Plattformen wie TikTok und Clubhouse.

Im Jahr 2015 hatte eine Person mit einer Million Follower auf Instagram einen außergewöhnlich hohen Einfluss in der modernen

Gesellschaft. In dieser Lage hätten Sie diese Follower wirksam nutzen können, um neue Geschäftsverbindungen zu entwickeln. Oder Ihre Follower auf Ihre verschiedenen Kanäle leiten können, um diese aufzubauen. Diese Gefolgschaft hätten Sie nutzen können, um ein Ökosystem auf Youtube oder TikTok aufzubauen. Oder Sie hätten ganz früh bei Clubhouse Anhänger finden können.

Das liest sich wie eine Geschichte der Selbstgefälligkeit. Und genau darum sind die beiden Eigenschaften Verantwortung und Demut hier besonders wichtig.

Wenn Sie Wachstumsambitionen haben, werden Sie in dieser Situation zu Kreuze kriechen müssen. In den Jahren von 2015 bis 2021 haben Sie dabei zusehen müssen, wie Ihr Geschäft stagnierte, während andere von 50.000 Follower auf 5,2 Millionen Follower wuchsen, weil sie effizientere Strategien entwickelt, diese konsequenter umgesetzt oder schlicht mehr Talent hatten.

Wenn Sie auf Ihrem Weg nach oben nett gewesen sind, könnte jetzt dieses Karma zurückkehren und Ihnen helfen. Leider neigen Menschen in ihren besten Zeiten dazu, anderen gegenüber unfreundlich oder gleichgültig zu sein. Aber wie heißt es so schön? Die Menschen, denen man auf dem Weg nach oben begegnet, sind dieselben, die man auf dem Weg nach unten wiedersieht. Erinnert sich der Influencer, der seine Followerzahlen von 50.000 auf 5,2 Millionen gesteigert hat, an Ihre Güte aus den Anfangstagen, könnte diese Freundschaft vielleicht zu einer Partnerschaft werden.

Verantwortung und Demut können dabei helfen, Frustration, Wut und Enttäuschung entgegenzuwirken. Wenn Sie sich Ihrer Schwächen bewusst sind und von vornherein erkennen, dass Sie nichts Besonderes sind, werden Sie nicht fassungslos sein, wenn andere Influencer allmählich besser abschneiden als Sie. Wenn Sie einsehen, dass es *Ihre* Entscheidung war, Ihre Anhänger nicht plattformübergreifend zu diversifizieren, können Sie niemand anderem die Schuld geben. Sie fassten den Entschluss, auf Instagram eindimensional zu sein. Sie haben das Ruder in der Hand und die Chance, den Gang Ihrer Geschäfte von 2021 bis 2027 zu verändern.

In diesem Szenario kann Verantwortung zu Optimismus und zu Güte Ihnen selbst gegenüber führen. Sicher, Ihr Geschäft hat sich rückläufig entwickelt, und trotzdem haben Sie ein unglaubliches Kunststück vollbracht. Nur wenige Influencer erreichen jemals eine Million Follower auf Instagram und können darauf ein Geschäft aufbauen. Sie haben mehr erreicht als die überwiegende Mehrheit der Weltbevölkerung.

Was Sie einmal geschafft haben, können Sie zudem noch einmal schaffen.

Manchmal zeigt sich die perfekte Plattform für Ihre kreative Stärke gerade zur richtigen Zeit. Vielleicht sind Sie ein Model und es fällt Ihnen leicht, in einem Bikini zu posieren oder Ihr Sixpack herzuzeigen. Instagram war eine auf das Optische ausgerichtete Plattform, auf der übermäßig viele Models und Fitnessexperten zugange waren, weil sie ihre Körper und Trainingsergebnisse zur Schau stellen konnten. Womöglich war Ihr rasantes Wachstum auf eine Million Follower auf Instagram darauf zurückzuführen. Für Youtube, TikTok und Clubhouse ist jedoch noch eine fachspezifische Seite an Ihrer Idee vonnöten. Im Fitnessbereich könnte es bedeuten, Ihr Wissen zu Themen wie Faszien, Proteinen oder Nahrungsergänzungsmitteln mit Omega-3-Fettsäuren zu teilen.

Sie können auf diesen Plattformen nach wie vor wachsen, es könnte jedoch eine andere Content-Strategie erforderlich sein. Sie könnten demütig sein und sich – trotz Ihrer 37 Jahre – zu den fachlichen Aspekten der Gesundheit und der Wellness weiterbilden, damit Sie mit Ihrer Marke in 15 Monaten neu durchstarten können. Vielleicht können Sie sich im B2B-Bereich als Fitnessguru neu erfinden und Unternehmen ein Trainingsprogramm für 10.000 US-Dollar im Monat verkaufen, das allen Mitarbeitern offensteht.

Es geht in erster Linie darum, dass Sie Ihr Selbstbewusstsein und Ihre Ambitionen nutzen. Ich bin davon ausgegangen, dass es bei diesem Szenario um eine Geschichte der Selbstgefälligkeit geht, aber vielleicht handelt dieses Szenario davon, sich zu verlieben. Vielleicht hatten Sie entschieden, die vergangenen drei oder vier Jahre an Ihrer

Beziehung zu arbeiten und es ist völlig in Ordnung, dass Sie weniger Zeit im Geschäft verbringen. Vielleicht haben Sie in den Anfangstagen viel zu hart gearbeitet, um Ihren Account auf eine Million Follower zu bringen, und hatten oft Schwierigkeiten, einen Ausgleich zu finden. Vielleicht waren Sie zu versessen darauf, einen Mercedes-Benz, ein zweites Haus oder eine Gucci-Tasche zu kaufen, was Sie anfällig für einen Burn-out gemacht hat.

Ich würde sogar behaupten, dass viele Leute glücklicher mit einem langsam wachsenden, nachhaltigen Geschäft wären. Es kann eine harmonischere Work-Life-Balance entstehen, wenn man die Unternehmensgröße beibehalten kann, während man sein Leben lebt. Vielleicht wären Sie glücklicher, wenn Sie Ihre derzeitige Lebensweise akzeptieren, ohne nach einem größeren Haus auf dem Hügel zu streben.

Das begreifen Sie aber womöglich nicht, wenn Sie geistig und seelisch nicht vollständig sind. Sie sehen, wie andere Unternehmen wachsen, und haben das Gefühl, Sie würden hinter dem herhinken, was Sie in Ihrem Alter bereits erreicht haben sollten. Und hier kommen Demut und Selbstbewusstsein ins Spiel. Sie wollen nicht das, was andere wollen. Wieso interessiert es Sie also, was sie haben?

Halten Sie inne und denken Sie darüber nach, was Ihr Wachstum verlangsamt hat. Haben Sie einen falschen Schachzug gemacht? Oder lag es an einem persönlichen Grund, der nicht in Ihrer Macht stand? Was es auch war, es ist okay.

Wenn es Ihr Fehler ist, gut. Dann können Sie Verantwortung übernehmen und optimistisch und nett zu sich selbst sein. Sie können Ihr Geschäft drehen und neu erfinden.

Wenn es nicht in Ihrer Macht lag, super. Sie können trotzdem nett zu sich selbst sein. Aus einem persönlichen Grund mussten Sie kürzertreten. Hören Sie nicht auf andere „erfolgreiche" Influencer oder Berühmtheiten, die Sie dafür verurteilen. Sie kennen nicht die ganzen Umstände und haben andere Ambitionen als Sie. Aber egal aus welchem Grund: Sich selbst fertigzumachen, gehört zu keiner Lösung dazu.

Szenario 6 – Anschlussfrage:
„Wie entwickelt man sich von einem Instagram-Fitnessmodel zu einem Unternehmer?"

Diese Umstellung ist für viele anspruchsvoll, und zwar aus einleuchtendem Grund: Es fällt schwer, sich in einen Pinguin zu verwandeln, wenn man ein Pferd ist.

Sie haben nichts gemeinsam. Rein gar nichts.

Einige Influencer, die als Promi oder Model angefangen haben, erweisen sich tatsächlich als großartige Geschäftsleute. Andere nicht so sehr. Es braucht ein gewisses Maß an Talent und Leidenschaft, das viele Influencer einfach nicht haben. Da aber das Unternehmertum derart glorifiziert wurde, möchte jeder Influencer ein CEO oder COO sein.

Tun Sie sich mit dem Geschäft schwer, müssen Sie womöglich demütig werden, um sagen zu können: „Hey, als Instagram-Fitnessmodel war ich genial, aber mir fehlt die Leidenschaft für Werbung oder das operative Geschäft. Ich brauche einen Geschäftspartner."

Mit Selbstbewusstsein, Demut und Optimismus lässt sich ein Partner finden, dem Sie einen Anteil von 5 bis 49 Prozent geben können. Selbstbewusstsein und Demut unterstützen Sie bei der Entscheidung, der Optimismus hilft Ihnen, der Person zu vertrauen, nachdem Sie sie auf Herz und Nieren geprüft haben.

Sie werden sehr viel glücklicher sein, da Sie sich nicht mehr mit Excel-Tabellen herumschlagen oder eine Infrastruktur für die Versandlogistik aufbauen müssen. Darum kann sich Ihr Partner kümmern und Sie können einfach eine Prominente sein, die für Fotos posiert und Content veröffentlicht.

Zudem ist es besser, mit 50 Prozent an einem Unternehmen beteiligt zu sein, das zwei Millionen US-Dollar im Jahr generiert, als 100 Prozent eines Unternehmens zu besitzen, das 300.000 US-Dollar mit sinkender Tendenz umsetzt.

Szenario 7:

In einem Babykurs hat Ihre Ehefrau eine andere Frau kennengelernt, die mit der Zeit ihre beste Freundin wurde. Die Freundin lädt Sie und Ihre Frau zu einem Treffen zu viert ein. Seit der Geburt des Babys sind Sie nicht so oft rausgekommen, also freuen Sie sich darauf, auszugehen. Trotzdem sind Sie etwas nervös, weil Sie das Paar noch nie zuvor gesehen haben. Als Sie sich alle an den Tisch setzen, lenken die Freundin Ihrer Frau und Ihr Ehemann das Gespräch auf NFTs. Sie haben keine Ahnung, was das ist. Was also tun?

Fragen Sie! Seien Sie demütig. Tun Sie sie nicht als nerdiges Paar ab, das über etwas Seltsames spricht, und glauben Sie nicht, dass NFTs ein Betrug sind, weil Sie sie nicht verstehen. Seien Sie freundlich, hören Sie zu und wechseln Sie nicht das Thema, auch wenn es Sie nicht interessiert. Übertreiben Sie Ihre voreilige Einschätzung nicht.

Neugier ist die einzige Möglichkeit für Sie, die Situation aufzubrechen. Sie könnten sich zu Hause über Wikipedia und Google eingehend damit beschäftigen. Viele Menschen haben Freunde, Kollegen oder Bekannte über etwas Neues sprechen hören, das zum größten Durchbruch in ihrem Berufsleben hätte werden können. Doch ihr Ego hielt sie davon ab, die 10 oder 20 Stunden zu investieren, um sich diesbezüglich ein wenig fortzubilden. Heute bringt Sie schon allein Google ein ganzes Stück weiter.

Genau das tat ich mit NFTs. Ich schaute mir eine Menge Youtube-Videos an, folgte einer Handvoll Leuten auf Twitter und wusste binnen einer Woche genug, um gefährlich sein zu können. Dieses Wissen wird die Grundlage für einige große NFT-Projekte.

Das ist Neugier.

Wenn Sie nach dem Essen nach Hause gehen und NFTs googeln, 50 Youtube-Videos ansehen und 50 Personen auf Twitter folgen, könnten Sie kurz davor stehen, Ihr Leben binnen einer oder zwei Wochen zu verändern. Ich habs geschafft.

Fürs Protokoll: Mehrfach war ich die Person bei einem Essen, die über etwas Neues sprach:

Sportkarten. Abgelehnt von Freunden und Bekannten.

Start-ups. Abgelehnt von Freunden und Bekannten.

Das Internet. Abgelehnt von Freunden und Bekannten.

Die mich später alle mit Bewunderung betrachteten, aber – viel wichtiger noch – mit Bedauern.

Neugier ist eine seltene Zutat, die aber die mächtigste von allen sein kann, wenn man sie im Vorfeld und im Nachgang mit einer Prise Demut garniert. Und so könnte es aussehen:

Seien Sie von vornherein demütig, um neugierig zu bleiben und die Unterhaltung nicht in eine andere Richtung zu lenken, sobald Sie etwas hören, das Ihnen unbekannt ist. Und dann seien Sie neugierig genug, um mehr in Erfahrung zu bringen. Geben Sie etwas mehr Demut hinzu, um sich über 20 Stunden und nicht nur zwei Minuten lang zu informieren.

Mich treibt beispielsweise in den Wahnsinn, wenn Menschen „Ich habe keine Zeit" antworten, wenn ich sie bitte, etwas Neues auszuprobieren. Ich habe festgestellt, dass Menschen, die behaupten, ihre „Zeit sei wertvoll", tatsächlich kaum wertvolle Zeit haben. Selbst bei allergrößtem Erfolg war ich tief beeindruckt, wie viel mehr ich mit meiner Zeit anstellen kann, auch wenn sie eine endliche Ressource ist. Innovation stützt sich auf Neugier.

Neben Neugier und Demut braucht es noch Geduld und Überzeugung. Innovationen brauchen Zeit. Ich habe mich 2021 über NFTs informiert, aber ich gehe davon aus, dass sich diese Kategorie erst vollständig in einem Jahrzehnt verwirklichen dürfte.

Szenario 8:

Nachdem der Chefetage in Ihrem Unternehmen Ihre Hartnäckigkeit und Ihr Potenzial aufgefallen sind, hat man Sie in eine leitende Position befördert, in der Sie ein kleines Team zu führen haben. George, einer Ihrer neuen Mitarbeiter, ist 15 Jahre älter und arbeitet länger im Unternehmen als Sie. Aus den ersten Begegnungen können Sie erkennen, dass George Ihren Fähigkeiten als Manager misstraut und denkt, er könne Entscheidungen besser treffen als Sie. Was würden Sie tun?

Jungmanager begegnen dieser Situation im Normalfall, indem sie mit Freunden etwas trinken gehen, die Beförderung feiern und sich über George hinter seinem Rücken lustig machen. Das schmerzt mich. Wenn ich jetzt darüber nachdenke, bewegt mich das doch sehr.

Hätte ich diese neue Managerstelle, wäre die erste Person, an die ich denken würde, George. Es muss so schwer für ihn sein, zuzusehen, wie ein neuerer Mitarbeiter befördert wird. Wie fühlt er sich? Was sind seine Ambitionen? Wie kann ich ihn für mich gewinnen?

Und weil ich Empathie, Freundlichkeit und Demut walten lassen würde, würde es mir leicht fallen, George zu führen. Ich würde nicht versuchen, ihm, meinem Boss oder meinen anderen Teammitgliedern zu beweisen, dass er sich irrt, wenn er an mir zweifelt. Aber gerade das tun viele in dieser Situation. Angesichts von Zweifeln kommt ihre Verunsicherung zum Vorschein und sie konfrontieren George, anstatt die oben genannten Eigenschaften einzusetzen.

Entweder formell oder informell würde ich George wissen lassen, dass ich auf seiner Seite stehe. Die beste Art der Kommunikation hängt von Ihrem Stil ab. Sie mögen jemand sein, der sich mit ihm bei einem zweistündigen Frühstück zusammensetzt, um ein harmonisches Verhältnis aufzubauen. Ich würde eher auf herzliches Handeln setzen.

In meiner ersten Teambesprechung als Manager würde ich sagen: „George hat recht, Leute. Vergessen wir nicht, dass er schon lange da ist und seine Erfahrung in diesem Team zählt. Ich wäre heute nicht hier, hätte ich nicht einige der raffinierten Dinge wahrgenommen, die George unternommen hat. Ich werde mich in vielen Bereichen auf seine Expertise verlassen."

Wenn Sie diese Ansage in einer Besprechung machen, ohne dass George damit rechnet, kann es eine größere Wirkung haben als jedes Einzelgespräch. George könnte denken, dass Sie schlicht „ein Häkchen setzen", wenn Sie mit ihm bei einem Frühstück sprechen.

Als ich das mit Raghav und David Rock (einem Videofilmer in meinem Team) ausdiskutierte, waren ihre Reaktionen ziemlich stark – ich konnte in ihren Gesichtern ablesen, dass die von mir anschaulich beschriebene Reaktion einen Nerv getroffen hatte. In den meisten Büchern über Management und Führung hätte es vermutlich geheißen, dass es das Richtige wäre, „sich im Vorfeld mit George zusammenzusetzen und alle Probleme anzusprechen." Ich denke aber, die von mir dargelegte Reaktion ist realistischer.

Sie mögen jemand sein, der sich unter vier Augen mit George unterhält, was völlig in Ordnung ist, wenn das Ihrem Stil entspricht. Allerdings versuche ich zu vermitteln, dass es in Unternehmen nicht um das Schwarz-Weiß geht. Es geht um die Grautöne – die Nuancen.

Verschärfen wir die Lage ein wenig: Sagen wir, das erste von mir als neuem Manager ausgeführte Projekt ging erschreckend schief und George flüsterte allen hinter meinem Rücken „Hab ich doch gesagt" zu.

Das würde mich begeistern und nicht entmutigen. Dass die Kansas City Chiefs die Buffalo Bills geschlagen haben und 2021 in den Super Bowl einziehen würden, hat mich sehr glücklich gemacht. In diesem Spiel lagen sie bereits früh 9:0 im Rückstand. Mit so einem Punktestand zu starten ist beängstigend, aber Patrick Mahomes forderte das Team auf, sich zu beruhigen. Er wiederholte ununterbrochen: „Wir schaffen das."

So würde ich als Manager reagieren: 9:0? Gut. 29:0? Gut. 78:0? Gut.

Durch Selbstbewusstsein dürften Sie ein Gespür dafür entwickeln, auf welcher Stufe Sie sich bei den Themen Verunsicherung und Zuversicht befinden. Wenn Sie unsicher sind, fällt es schwerer, in schwierigen Situationen freundlich zu sein. Und ohne Zuversicht wiegt die Last Ihrer eigenen emotionalen Probleme zu schwer, sodass Sie sich über George lustig machen, um sich selbst aufzurichten, anstatt sich die Zeit zu nehmen, sich in seinen Schmerz hineinzufühlen.

Szenario 9:

Ihnen fällt auf, dass Sally, ein Mitglied Ihres Teams, enormes Potenzial und Talent hat, aber noch keine so guten Leistungen erbringen kann wie andere Teammitglieder. Sie versuchen, beispielhaft voranzugehen und zeigen ihr, wie sie ihre Arbeit richtig erledigt. Aber sie scheint nicht zu verstehen. Was würden Sie tun?

Zunächst müssen Sie als Manager die Verantwortung übernehmen und sich klarmachen, dass Sie einen Fehler begehen. Jemandem die Arbeit abzunehmen ist in den seltensten Fällen der richtige Weg. Jemandem die Arbeit abzunehmen, ohne dass diese Person eingebunden ist, ist niemals der richtige Weg. Absolut nie und nimmer. Das Wort *nie* widerstrebt mir zwar, aber es ist wahr. Die Leute entwickeln sich nicht, wenn Sie alle Arbeit für sie erledigen, insbesondere dann, wenn sie nicht einbezogen werden.

Als ich jung war, wusch meine Mutter meine Wäsche. Als ich aufs College ging und allein lebte, begriff ich erst gar nicht, was die Leute meinten, wenn sie fragten: „Wann wirst du deine Klamotten aufsammeln?“

Ich wusste noch nicht einmal, was ein Wäschekorb ist. Im Ernst. Mir war nicht einmal klar, dass es Wäschekörbe überhaupt gab, denn als Kind warf ich all meine Sachen auf den Boden und wie durch ein Wunder waren sie am nächsten Tag sauber. Darüber hinaus würde meine Einwandererfamilie niemals Geld für einen Wäschekorb ausgeben. Meine saubere Kleidung lag stets gefaltet auf einem Stuhl.

Meine Mutter ist eine beachtliche Frau, die sich als Hausfrau abgearbeitet hat und in ihrem ganzen Leben keine Hilfe oder Hausangestellte hatte. Sonderlich hilfreich dabei, dass ich lerne, meine eigene Wäsche zu waschen, war es trotzdem nicht.

Wenn man die Arbeit von anderen erledigt, ohne dass sie ein Teil davon sind, haben diejenigen nicht den Hauch einer Chance, ihre eigenen Fähigkeiten zu entfalten. Im oben dargelegten Szenario wird Sally nie lernen, wie sie ihre Projekte allein ausführen kann. Darüber hinaus dürfte sich bei der Führungskraft Unmut entwickeln, der schließlich dazu führen könnte, dass Sally entlassen wird. Das erkennen viele Manager erst, wenn es zu spät ist.

Anstatt die Arbeit der Mitarbeitenden zu erledigen, zapfen Sie Ihr Selbstbewusstsein an, um herauszuarbeiten, wie Sie es ihnen beibringen können. Durch Ausbildung befähigt man andere, etwas umzusetzen. So skalieren Sie Ihr Talent und müssen nicht alles selbst erledigen.

Zunächst einmal: Sind Sie überhaupt ein guter Lehrer? Oder machen Sie sich selbst vor, Sie wären einer, weil Ihr Großvater oder Ihre Tante Lehrer waren?

Als Nächstes machen Sie einen Schritt zurück und überlegen, wie Sie Ihre Stärken einsetzen können, um das zu bewerkstelligen. Meine Unternehmen besaßen beispielsweise nie ein nennenswertes formales Ausbildungssystem. Ich bevorzuge die Ausbildung durch Osmose, wie ich es nenne. Mit anderer Worten: Die Mitarbeiter bauen ihre Fähigkeiten im Laufe der Zeit durch meine Energie und die Zusammenarbeit mit anderen aus, wodurch meine Unternehmen schneller vorankommen. Während ich dieses Buch schreibe, *sind* wir mit dem Aufbau interner Schulungskapazitäten bei VaynerX und VaynerMedia beschäftigt, weil wir über 1.000 Beschäftigte haben. Bei dieser Größe erreicht die fließende Form der Osmose nicht immer das gesamte Unternehmen.

Wenn Sie kein guter Lehrer sind, ziehen Sie ein Gespräch mit der Personalabteilung oder Ihrem Manager in Betracht, um einen externen Ausbilder zu engagieren: einen Anbieter, eine spezialisierte Agentur oder auch eine konkrete Person.

Als Nächstes kommt der Punkt, mit dem viele Führungskräfte hadern: Sally die Freiheit zu geben, zu scheitern. Hier müssen Sie Optimismus versprühen. Optimismus führt zu Vertrauen, was bei der Ausbildung von Menschen unerlässlich ist. Wenn Sally sich „Ihr Vertrauen verdienen" muss, anstatt es von Ihnen vorab geschenkt zu bekommen, wird sie sich langsamer entwickeln. Skalieren können Sie nur, wenn Sie Ihre Teammitglieder stärken, eigene Entscheidungen zu treffen.

Sollte Sally dann doch scheitern, kommen Verantwortung und Selbstbewusstsein zum Zug. Nehmen Sie die Schuld auf sich und werden Sie sich über Ihren Feedback-Stil klar. Kritik äußere ich gern scherzhaft, und ich ziehe Leute gern ein wenig auf, wenn sie Fehler machen. Man lacht, aber die Botschaft wird trotzdem verstanden, ohne allzu scharf zu wirken. Wird aus der Reaktion des Beschäftigten ersichtlich, dass die Kritik nicht angekommen ist, mache ich möglicherweise einen Termin für ein Einzelgespräch aus, um die Angelegenheit zu klären. Daneben muss ich mir sicher sein, dass meine Kritik kein Ausdruck passiv-aggressiven Verhaltens oder von Groll ist, die durch freundliche Offenheit zu bereinigen sind.

Vielleicht wäre es authentischer und Ihrem Stil entsprechend, sofort ein Einzelgespräch zu arrangieren; in diesem Fall können Sie das Feedback mit freundlicher Offenheit anbringen (worauf ich mich in letzter Zeit immer häufiger konzentriere).

Einer der Hauptunterschiede zwischen Managern, die erfolgreiche Teams aufbauen oder nicht, ist der Optimismus. Ich habe schon die verschiedensten Leute über Mitarbeiter klagen hören, aber nachdem wir 15 Minuten bei einem Cocktail zusammensaßen, war es nur allzu offensichtlich, dass ihre eigenen Unsicherheiten, Ängste und zynischen Ansichten der eigentliche Knackpunkt sind. Manche Manager meinen, Mitarbeiter würden gehen, wenn man sie zu gut ausbildet. Andere fürchten die Auswirkungen von Fehlern, die ihre Mitarbeiter unweigerlich machen werden. Und so schränken sie stark ein, was möglich ist und was nicht. Manche führen mit Ego und unterdrücken die Untergebenen, damit die Beschäftigten nicht „zu" erfolgreich werden und gehen. Wieder andere gehen noch weiter und unterstellen, dass ihre Mitarbeiter sie bestehlen wollen.

Aber wie will man als Führungskraft die eigene Karriere vorantreiben, wenn man ständig dabei ist, die Mitarbeiter zu kontrollieren und einzuschränken? Damit beschränken Sie auch *Ihr* Potenzial.

Immer schon verließen Mitarbeiter meine Unternehmen, um Konkurrenzfirmen zu gründen oder für andere Wettbewerber tätig zu werden. Und doch wachsen meine Unternehmen weiter wie verrückt, weil ich keine Angst vor diesen Austritten habe. Tatsächlich treibe ich die Mitarbeiter, für die ich schwärme, noch weiter an: Ich gebe ihnen in unserer Beziehung mehr Gewicht als ich habe.

Zahlreiche Unternehmer und Manager haben Schwierigkeiten zu skalieren, weil sie nicht vermitteln können. Und sie können nichts vermitteln, weil sie nicht vertrauen. Und sie vertrauen nicht, weil sie von Haus aus misstrauisch und ängstlich anstatt optimistisch sind. Das fehlende Vertrauen führt dazu, dass Manager die Hausaufgaben für ihre Mitarbeiter erledigen, dann folgt Verärgerung und schließlich das Scheitern.

Ihnen wird auffallen, dass ich für gewöhnlich in vielen der in diesem Teil dargelegten Szenarien Überfluss sehe: Chancen finden sich überall. Wenn Sally es vergeigt, Sie die Schuld auf sich nehmen und gefeuert werden, dann seien Sie nett zu sich selbst. Danach holen Sie Ihre Überzeugung und Hartnäckigkeit hervor und suchen sich einen anderen Job, einen, der eventuell sogar mehr einbringt. Ein paar Kollegen haben eventuell gesehen, dass Sie Sally vertraut und letztlich die Schuld für ihren Fehler auf sich genommen haben. Sie werden sich an Sie erinnern und könnten eines Tages zu Ihren Geschäftspartnern werden.

Irgendjemand bemerkt immer etwas. Gutes Karma zu entwickeln ist sinnvoll.

Mit den zwölfeinhalb Zutaten in Ihrem Gewürzregal können Sie jede Situation meistern, was bedeutet, dass Sie immer in der Offensive sein können. Sie bestimmen, wie Sie die Situation aufnehmen und darauf reagieren. Zur Furcht gibt es keinen Grund.

Szenario 10:

Sie erhalten eine E-Mail von einem Kunden, der enttäuscht von Ihrem Produkt klingt. Sie sagen Ihre nächste Besprechung ab, damit Sie sich gleich ans Telefon hängen und mit dieser Person sprechen können. Dabei finden Sie heraus, dass der Kunde überhaupt nicht enttäuscht gewesen ist und Sie die E-Mail einfach falsch interpretiert haben. Sie sind zwar erleichtert, aber Ihr Tag ist trotzdem durcheinandergeraten. Und was nun?

Etwas Ähnliches ist mir erst gestern widerfahren.

Ich erhielt eine Nachricht von ein paar Leuten aus einem Kreativteam bei VaynerMedia, die lautete: „Können wir reden?“

Sie sind schon lange an meiner Seite und so hatte ich das Gefühl, dass etwas nicht stimmte. Ich beendete eine Besprechung vorzeitig, rief beide sofort über Facetime an und war letztlich fünf Minuten zu spät bei der nächsten Besprechung, die überaus wichtig war.

Und die dann auch etwas weniger effizient war, als ich es mir gewünscht hatte. Die Einzelheiten des Facetime-Gesprächs hingen mir noch die nächsten zwei bis drei Stunden nach, bis ich mich schließlich mit den Teammitgliedern traf, mit denen ich darüber sprechen wollte. In jenen zwei oder drei Stunden verliefen meine Besprechungen nicht sonderlich gut, weil ich mit meinen Gedanken woanders war. Die Sorge ließ „meinen Tag durcheinandergeraten“.

Statt die beiden über Facetime anzurufen, hätte ich auch ein Treffen in der nächsten Woche arrangieren können. Aber ich wollte es sofort wissen und ich übernahm die Verantwortung dafür, weil ich die Entscheidung ja selbst getroffen hatte. Insofern war die Übernahme von Verantwortung der Weg zur Akzeptanz. Wie konnte ich wütend sein, nachdem ich so entschieden hatte, wie ich wollte?

Einen Kunden oder einen Mitarbeiter sich selbst vorzuziehen, ist niemals eine falsche Idee.

Aber auch eine Portion Optimismus einzubringen kann helfen. Selbst wenn Ihr Tag durcheinandergeriet, es ist nur ein Tag von so vielen. In einem Jahr stehen Ihnen über 300 Tage zur Verfügung und sehr viele Jahre in einem langen Berufsleben. Urteilen Sie nicht über sich selbst wegen eines schlechten Tages, einer schlechten Woche oder gar eines schlechten Jahres.

Szenario 10 – Anschlussfrage:

„Wie kann man den Tag weiter auf Kurs halten, nachdem eine unerwartet negative Mail eingegangen ist? Wie lässt sich vermeiden, dass der Tag durcheinandergerät?"

Einer der Gründe, weshalb ich nicht allzu begeistert von E-Mails bin, ist die Tatsache, dass man das geschriebene Wort falsch deuten kann. Der Ton geht in schriftlicher Form vollständig verloren. Beim Lesen von E-Mails können Verunsicherungen, eine pessimistische oder auch optimistische Einstellung das Verständnis beeinträchtigen, und ein Missverständnis kann den Rest des Tages durcheinanderbringen. Schriftliches Feedback wird durch den Filter der eigenen geistigen und emotionalen Verfassung gelesen.

In diesem Buch versuche ich, Sie dabei zu unterstützen, sich selbst zu verstehen. Ich kenne mich selbst gut genug, um zu wissen, dass ich mich sowieso nicht auf die folgenden Meetings konzentrieren kann, wenn mir ein Mitarbeiter sagt, dass etwas nicht stimmt. Je schneller ich dieses Problem ansprechen kann, desto effizienter wird mein Tag.

Für mich war es somit tatsächlich praktischer, die beiden Mitarbeiter per Facetime anzurufen, anstatt eine Woche bis zu einer Besprechung zu warten. Auch wenn meine darauffolgenden Meetings dadurch weniger produktiv wurden.

Es war dennoch effizienter als die Alternative.

Szenario 11:

Sie sind ein zäher Mitarbeiter, der begierig ist, sich selbst zu beweisen und im Unternehmen aufzusteigen. Nach ein paar Jahren jedoch ist Ihnen mehr danach, die Arbeitszeit zu reduzieren und häufiger freizunehmen. Sie haben Schwierigkeiten damit, Managern gegenüber Bedenken zur psychischen Gesundheit anzusprechen, weil „Burn-out" ein Tabuthema zu sein scheint und Sie einen Karriereschritt zurück machen müssten. Zwischenzeitlich fällt Ihre Leistung immer weiter ab. Was würden Sie tun?

Unabhängig davon, wann Sie dieses Buch lesen, Ihre Erinnerung an die Corona-Jahre dürfte ziemlich frisch sein.

In regelmäßigen Wellen brach sich die Pandemie Bahn, während sich die Menschen an ein mobiles Arbeitsumfeld gewöhnten. Videokonferenzen und andere mobile Arbeitsverfahren sorgten für beachtliche Effizienzsteigerungen, während einige Beschäftigte Schwierigkeiten damit hatten, sich an die Gegebenheiten anzupassen. Einen Kaffee mit einem Kollegen holen zu gehen oder sich 17 Minuten länger am Wasserspender mit einem Freund zu unterhalten, war nicht möglich.

Auch wenn das mobile Arbeiten die Produktivität vieler Unternehmen verbesserte, sind diese 17-minütigen Unterhaltungen meiner Meinung nach wichtig für die Kultur und das Gemeinschaftsgefühl. Bedauerlicherweise ging dieses Privileg Beschäftigten in aller Welt verloren, als ihre Firmen ins Virtuelle wechselten, und viele taten sich schwer, zu einem Gleichgewicht zu finden, während sie im Homeoffice arbeiteten. Die Menschen erwischten sich dabei, viel mehr zu arbeiten als früher, und einige mussten sich gleichzeitig noch um ihre Kinder kümmern. Erschöpfung und Burn-out traten vermehrt auf.

In diesem Szenario würde ich zwei scheinbar gegensätzliche Eigenschaften anwenden: Geduld und Ambition.

Ambition ist eine wundervolle Eigenschaft, aber wie alle anderen Zutaten ist auch sie wirkungslos, wenn sie nicht im Gleichgewicht ist. Geduld fördert das Gleichgewicht von Ambitionen.

Als junger, beharrlicher Mitarbeiter ist man von Natur aus ambitioniert. Gemeinsam mit der Ambition auch Geduld zu pflegen, hilft dabei zu verstehen, dass die nächste große Beförderung nicht in *diesem* Jahr sein muss. Sie können ein oder zwei Jahre älter sein, wenn Sie in die nächste Position aufsteigen oder die nächste Gehaltserhöhung bekommen, und trotzdem ein erfülltes Berufsleben haben.

Geduld entlastet. Menschen setzen sich selbst so sehr unter Druck, um willkürliche Zeitpläne zu erreichen. Sie denken, sie müssten bis 22, 30, 40, 55 oder 56 in ihrer Laufbahn einen bestimmten Punkt erreicht haben. Wie wäre es stattdessen damit, glücklich zu sein?

Sollten Sie in einem Unternehmen arbeiten, das Sie dafür verteufelt, dass Sie sich etwas zurücknehmen, nachdem Sie ein Jahr oder auch zwei Jahre sehr hart gearbeitet haben, dann ist das der falsche Ort für Sie.

Wenn im Gegensatz dazu ein Mitarbeiter ein ganzes Jahr eher träge ist, könnte das genügend dauerhafte Probleme verursachen, dass der Manager sein Feedback mit freundlicher Offenheit geben muss. Wenn Sie sich allerdings mit 27 Jahren verloben, nachdem Sie zwei Jahre bei der Arbeit alles gegeben haben und nun etwas mehr Freizeit benötigen, um Ihre Hochzeit zu planen, sollte man darüber nicht die Stirn runzeln.

Ich wünschte, mehr Führungskräfte würden die Leistung eines Mitarbeiters oder einer Mitarbeiterin als Ganzes betrachten, anstatt zu fragen: „Was haben Sie kürzlich für mich getan?“ In meinem Unternehmen gibt es Zeiten, in denen die Beschäftigten unermüdlich arbeiten, und dann wiederum Zeiten, wenn sie etwas passiver sind. Wie viele Stunden Sie bei der Arbeit verbringen, hängt von Zufällen ab: woran arbeiten Sie, in welchem Karrierestadium befinden Sie sich, was ist gerade in Ihrem Privatleben los ... und von einer Vielzahl anderer Faktoren. Führungskräfte müssen fair sein, wenn sie die Leistungen ihrer Beschäftigten bewerten. Die Leistungsüberprüfung muss als Ganzes erfolgen.

Wenn Sie dieses Szenario leben und Angst haben, entlassen oder gemaßregelt zu werden, weil Sie Ihrem Manager gegenüber Ihre Bedenken äußern, erwägen Sie, sich einen neuen Job zu suchen. Als ambitionierte, hartnäckige Person stehen die Chancen gut, dass Sie weitere Möglichkeiten für sich selbst schaffen können. Sie könnten beispielsweise einen besser bezahlten Job finden oder vielleicht auch einen, der schlechter bezahlt ist, Ihnen dafür aber die gesuchte Work-Life-Balance bietet.

Und durch Sparen können Sie sich weitere Chancen eröffnen. So viele Angestellte da draußen leben von Gehaltsscheck zu Gehaltsscheck, weil sie – gestützt auf ihre aktuellen Ersparnisse und ein Jahresgehalt von 237.000 US-Dollar – ein Apartment in DUMBO* oder in der Stadtmitte von San Francisco gekauft haben. Hat man sich einmal Handschellen angelegt, gestaltet es sich schwieriger, sich für eine interessantere Position mit – sagen wir einmal – 150.000 US-Dollar zufriedenzugeben und weniger Verantwortung zu übernehmen.

Es macht mich traurig, dass die Menschen falschen Luxus dem echten Luxus, also Glück, vorziehen. Durch ein bescheideneres Leben kann man finanziell einen Schritt zurücktreten. Sie könnten einen Job annehmen, der womöglich 8.000 US-Dollar weniger einbringt, Ihnen aber mehr Freizeit für die Familie lässt.

Sie könnten es sich leisten, einige Monate oder ein paar Jahre dafür zu verwenden, sich ein Nebengeschäft aufzubauen, anstatt sich nach der Arbeit immerzu matt zu fühlen.

---

* Down Under Manhattan Bridge Overpass, eine hippe Gegend in Brooklyn

Wenn ein Unternehmen Ihre Leistung und Ihr Potenzial ausschließlich anhand Ihres letzten Versuches evaluiert, gehen Sie doch lieber woanders hin.

Szenario 12:

Sie arbeiten in einem Team, das kontinuierlich unterbesetzt ist. Mit Ihren Vorgesetzten haben Sie bereits darüber gesprochen und Sie werden immer damit vertröstet, man werde mehr Mitarbeiter einstellen. Aber in den vergangenen Monaten ist nichts passiert. Sie sind in Ihrer Funktion total gestresst und denken daran, zu kündigen und einen anderen Job in einer Firma anzunehmen, um die Work-Life-Balance zu verbessern. Andererseits lieben Sie Ihre Kollegen und wollen Ihnen nicht noch mehr Stress und Verantwortung auferlegen, indem Sie kündigen oder Ihre Zeit strikt einteilen. Was würden Sie tun?

Für viele Beschäftigte in Unternehmen mit Personalmangel mag die Schlussfolgerung naheliegen, dass das Management wirklich böswillige Absichten verfolgt. Unbewusst oder auch bewusst *könnte* das Management alle Beschäftigten ausnutzen, um die Marge zu maximieren. Es könnte aber eine völlig andere Ursache haben. Vielleicht ist man einfach noch nicht dazu gekommen, die richtigen Leute einzustellen. Als CEO habe ich über die Jahre gelernt, dass es oftmals das Team noch mehr schädigt, wenn man Leute rasch und ohne nachzudenken einstellt. In diesem Szenario könnte das Managementteam bereits hinter den Kulissen daran arbeiten, die Richtigen zu finden.

Vielleicht bereiten dem Management Dinge Kopfschmerzen, von denen Sie gar nichts wissen. Möglicherweise ist die Geschäftsführung mit einer Klage eines ehemaligen Mitarbeiters beschäftigt. Unter Umständen bleiben zwei Mitglieder Ihres Teams tatsächlich hinter den Erwartungen zurück und sollten weitergebildet werden, bevor es sich das Managementteam leisten kann, weitere Leute einzustellen. Womöglich schützen Sie sogar diese beiden leistungsschwachen Mitarbeiter, weil Sie mit ihnen befreundet sind und nicht möchten, dass sie entlassen werden, aber gerade das die Ineffizienz verursacht.

In solch einer Situation Mitgefühl mit Managern zu zeigen, fällt Mitarbeitern schwer, doch eine empathische Unterhaltung kann die grundlegenden Probleme freilegen. Sie könnten beispielsweise eine Besprechung mit Ihrer Führungskraft ansetzen und sagen: „Wir sind unterbesetzt und allmählich wirkt es sich auf unser Team aus. Wir haben darüber zwar schon gesprochen, aber mir ist klar, dass ich nicht über alle Puzzleteile verfüge. Ich weiß nicht alles, was bei Ihnen gerade los ist. Können Sie mir helfen, zu verstehen, woran es hängt?"

Wenn Sie diese Sätze mit freundlicher Offenheit, Neugier und Empathie statt mit Frustration sagen, könnte es zu einem Durchbruch im Gespräch führen.

Je nachdem wie die Besprechung läuft, könnten sich zwei Richtungen herauskristallisieren:

Erstens, Sie entscheiden, dass Sie in Ihrem Job gerade einfach eine schwierige Phase durchmachen. Im Grunde wie die 13 schwierigen Monate, die Sie eventuell erleben müssen, weil Sie sich mit Ihrem Geschwister oder Ihrer besseren Hälfte heftig gestritten haben. Zwar ist die Arbeit keine Familie, aber am Ende werden einige Kollegen und Kolleginnen zu einer Art Familie, sodass Sie drei, sechs oder zwölf Monate durchstehen müssen, wenn das Umfeld nicht ideal ist. Was man üblicherweise nicht berücksichtigt, ist die Möglichkeit, dass sich die Probleme von selbst lösen könnten, wenn man einfach sieben Monate lang Geduld beweist. Vielleicht ist das der holprige Teil des Weges zu etwas Wunderbarem.

Zweitens, Ihnen steht die Möglichkeit offen, zu kündigen und sich einen neuen Job zu suchen. Es ist schön, wenn man die Kollegen liebt, aber Sie müssen auch für sich und Ihre Familie die Verantwortung tragen.

Die Wahrheit ist, wenn Sie sich über etwas beschweren, geben Sie diesem Etwas ein seelisches Druckmittel gegen Sie in die Hand. Würden Sie nicht lieber die Verantwortung übernehmen und sich in die Lage versetzen, eine Entscheidung über Ihre nächsten Schritte zu treffen? Wir leben in einer Kultur, in der so viele von uns aus Genuss Schuldzuweisungen vornehmen. Wir beschuldigen andere aufgrund unserer eigenen Unsicherheiten und Leiden. Wenn Sie es sich leisten können, dieses Buch zu kaufen, anstatt es als Raubkopie kostenlos aus dem Internet zu ziehen, dann sagt mir das, dass Sie einen Job kündigen können.

Szenario 12 – Anschlussfrage:

„Aber was ist mit den Kollegen und Kolleginnen? Wäre es richtig, zu kündigen, wenn das Team unterbesetzt und gestresst ist?"

Wenn ich geistig und seelisch aufgerieben bin, dürfte ich den Kollegen ohnehin keinen Mehrwert bringen.

Das größte Geschenk, das man meiner Meinung nach jemandem machen kann, ist, den eigenen Ballast nicht auf dessen Schultern abzuladen. In meinen Augen ist es sogar überaus lobenswert, wenn Sie in diesem Szenario Ihren Job aufgeben. Sie sind freundlich, wenn Sie sich einen anderen Job suchen; denn auf diesem Wege belasten Sie andere nicht mit Ihrer Verbitterung und Frustration.

Ich würde folgende Schritte unternehmen, um diese Situation zu meistern:

Verantwortung: „Ich habe die Kontrolle und ich bin imstande, eine Entscheidung zu treffen."
➔ Eliminiert die Opfermentalität.

Empathie: „Ich kenne nicht alle Zusammenhänge."
➔ Verhindert, dass Sie Ihrem Boss die Schuld geben.

Neugier und freundliche Offenheit: „Was ist wirklich los?"
➔ Schafft den Rahmen für eine produktive Unterhaltung.

Verantwortung: „Ich kann bleiben oder gehen."
➔ Befähigt Sie, selbst zu entscheiden.

Sollten Sie sich entscheiden, zu gehen, würde ich mit meinen Vorgesetzten noch eine Unterhaltung führen, die freundlich und offen ist:

Ich wünsche Ihnen nur das Beste. Ich weiß, dass Sie eine schwierige Zeit durchmachen. Leider hat sich etwas ergeben, das für mich und meine Familie besser ist, und ich denke, es ist der richtige Zeitpunkt für mich, diesen Schritt zu gehen.

Verunglimpfen Sie das Unternehmen nicht vor Ihren Kollegen und Kolleginnen, wenn Sie aufgrund eines Jobwechsels gehen. Sie mögen es sich leisten können, sich einen neuen Job zu suchen. Aber vielleicht ist einer Ihrer Teamkollegen verschuldet und unsicher, was seine Fähigkeiten angeht. Anstatt also die Situation für Susan oder Rick zu verschlimmern, verlassen Sie das Unternehmen würdevoll.

Szenario 13:

Sie sind Jungunternehmer und arbeiten daran, sich eine Followerschaft zu Ihrem Hobby in den sozialen Medien aufzubauen, aber Ihre Eltern glauben nicht an das, was Sie tun. In der Vergangenheit haben Sie verschiedene Projekte begonnen und sie nicht zum Abschluss gebracht, daher denken ihre Eltern, dass Ihr aktuelles Projekt denselben Weg nehmen wird. Immer wieder versuchen Sie, ihnen klar zu machen, dass es auf lange Sicht angelegt ist, aber sie scheinen es nicht zu verstehen. Was würden Sie tun?

In diesem Szenario würde ich sofort auf Empathie und Verantwortung setzen.

Wenn Sie auf Ihre Eltern zuspazieren und anfangen, über Ethereum und Sportkarten zu sprechen oder darüber, dass Sie Profispieler im E-Sports-Bereich sind oder Influencer werden wollen, verstehen sie nur Bahnhof. Social-Media-Influencer zu werden oder einen Onlineshop zu eröffnen, ist ein relativ neues Konzept. Und es ist naheliegend, warum es bei den meisten Eltern mit dem Verständnis für die Durchführbarkeit dieser Möglichkeiten hapert. Sie sind nicht damit aufgewachsen.

Unabhängig davon, was sie zu Ihren Träumen und Hoffnungen sagen, Ihre Eltern lieben sie. Das haben sie im Blut. Wie jeder andere auch, sind Eltern entweder zuversichtlich oder unsicher.

Ich habe Verständnis für Eltern, da auch sie erzogen worden sind. Sie mögen sauer auf Ihre Mutter sein, aber haben Sie einmal genau überlegt, wie Ihre Großmutter sie aufgezogen hat? Haben Sie über die Unsicherheiten nachgedacht, die Ihre Mutter womöglich in ihrer Kindheit entwickelt haben könnte? Und wenn Sie das wütend auf Ihre Oma gemacht hat, haben Sie bedacht, wie *ihre* Eltern *sie* erzogen haben?

Verantwortung ist unerlässlich, denn in diesem Szenario haben Sie bereits Verluste erlitten. Und daher ist der folgende Satz etwas, das mehr Jugendliche beherzigen müssen: Mund halten.

Die Leute neigen dazu, mehr Zeit darauf zu verwenden, allen zu erzählen, wie reich und erfolgreich sie sein werden, anstatt wirklich ihr Geschäft aufzubauen. Hat man eine große Klappe, muss man auch die Verantwortung übernehmen, wenn alle mit dem Finger auf einen zeigen, weil das Cannabisgeschäft oder die Kleiderkollektion gescheitert ist. Das haben Sie sich selbst zuzuschreiben.

Dass ich meinen Mund *nicht* halte, liegt daran, dass ich niemandes Bestätigung brauche. Vielmehr bin ich sogar irre aufgeregt, wenn alle Welt meine Fähigkeiten unterschätzt. Aber wenn die Meinung anderer sich immer noch auf Sie auswirkt, dann arbeiten Sie leise auf Ihre Ziele hin.

Ich erhalte leider neun von zehn E-Mails und DMs von Jugendlichen in dieser Situation, die sich noch von ihren Eltern finanzieren lassen. Mama und Papa subventionieren ihren Lebensstil, indem sie die Miete oder die Mitgliedschaft im Fitnessstudio bezahlen und manchmal sogar ihr Business finanziell unterstützen. Wenn Sie es vermeiden können, auch nur einen einzigen Dollar von Ihren Eltern anzunehmen, brauchen Sie auch nicht deren Bestätigung, um Ihr Geschäft weiter aufzubauen. Sie werden nicht den unterschwelligen Drang verspüren, sie auf kurze Sicht zufriedenzustellen zu müssen.

Stehen Sie auf eigenen Füßen und Sie haben alle Hebel in der Hand. Zwar müssten Sie mit der U-Bahn statt mit einem Taxi fahren, und Sie hätten vielleicht eine miesere Wohnung, aber das macht viel mehr Spaß, als psychisch von Ihren Eltern gesteuert zu werden.

Szenario 13 – Anschlussfrage:

„Ich finde, es ist eine gute Motivationsquelle, wenn ich auf meine Eltern wütend bin. Kann ich das nicht als Treibstoff nutzen, um ihnen später das Gegenteil zu beweisen?“

Viele Leute bringen es zu kurzfristigem Erfolg, ohne diese zwölfeinhalb Zutaten einzusetzen, manchmal sogar, indem sie zum genauen Gegenteil greifen. Unsicherheit, Angst, Wut und Hass sind starke Anreize für Leute, die kurzfristig Geld verdienen. Wenn Sie wütend sind und es allen zeigen wollen, können Sie das als Treibstoff nutzen.

Die Frage ist nur: Ist das nachhaltig? Und noch wichtiger: Werden Sie am Ende glücklich und fröhlich sein? Denn die emotionalen Zutaten sind die Basis für dauerhaften Erfolg. Wut und Unsicherheit können kurzzeitig für einen Schub sorgen, doch sie können Sie in den seltensten Fällen tragen. In manchen Fällen können sie einen im Laufe der Zeit in eine gefährliche seelische Lage bringen.

Es ist wie bei Star Wars. Auch die dunkle Seite feiert Erfolge, nur nicht so sehr wie die Jedi. Erst recht nicht am Ende.

Szenario 14:

Sie sind dabei, ein Servicegeschäft aufzubauen. Regelmäßig haben Sie sich bei Interessenten vorgestellt, die anfangs ganz begeistert waren. Sobald Sie aber den Preis erwähnen, verschwinden sie auf Nimmerwiedersehen von der Bildfläche. Sie haben in der Vergangenheit bereits Kunden gewonnen, die gern Ihren Preis bezahlten und mit Ihrer Arbeit zufrieden sind, aber Sie wissen nicht genau, wie Sie dauerhaft Kunden finden sollen. Was würden Sie tun?

In diesem Szenario trifft eine von drei Möglichkeiten zu:

1. Sie halten sich mit jemandem auf, der „Nein" gesagt hat, und Sie müssen sich anderen Kunden zuwenden.

2. Sie verkaufen nicht mit Empathie und Demut, das heißt Ihren Kunden ist nicht klar, was sie davon haben.

3. Der Markt hat sich angepasst und Kunden sind lediglich bereit, Ihnen 100 US-Dollar statt 200 US-Dollar zu bezahlen.

In dieser Situation müssen Sie nun Geduld, Selbstbewusstsein und Überzeugung aufbringen.

Sie müssen davon überzeugt sein, dass Sie 200 US-Dollar pro Fotoshoot, 100 US-Dollar pro Haarschnitt oder 400 US-Dollar pro Dienstleistung im Landschaftsbau wert sind. Gleichzeitig lassen Sie Selbstbewusstsein und Demut walten, um sicherzugehen, dass sich Ihre Überzeugung nicht auf Illusionen stützt. Haben Sie das Talent, um so viel zu berechnen? Oder versuchen Sie es nach dem Motto: „Fake it till you make it"? Also durch Schein zum Sein?

Wenn Sie ein Comedian sind, würde ich gern hören, dass Sie überzeugt sind, es bei *Saturday Night Live* zu schaffen und einer der besten Comedians der Welt zu werden. Sind Sie aber gleichzeitig selbstbewusst genug, um einschätzen zu können, ob Sie lustig sind oder nicht? Wissen Sie, ob Sie das nötige Talent besitzen, es so weit zu bringen? Und wenn nicht, sind Sie demütig genug, das auch zuzugeben?

Ich, Gary Vaynerchuk, werde es nie in die NBA schaffen. Egal wie sehr ich Basketball liebe, das wird niemals passieren. Sie brauchen Selbstbewusstsein für die Erkenntnis, ob Ihr Talent und Ihre Fähigkeiten den Preis rechtfertigen, den Sie berechnen.

Szenario 14 – Anschlussfrage:

„Ich weiß, dass ich den Preis wert bin, und trotzdem versuchen Kunden, mich herunterzuhandeln. Was mache ich in dem Fall?“

Übernehmen Sie Verantwortung. Sie können immer „Nein“ sagen.

Im letzten Monat habe ich allein 40 Vortragsanfragen abgelehnt, weil sie nicht mein verlangtes Honorar aufbringen konnten. Obwohl ich insgeheim einige davon machen wollte, entschied ich mich, wegen des Timings, des Markenschutzes und aus einer Vielzahl von anderen Gründen, keine geringere Gage zu akzeptieren.

Sollten Sie mit dem Preis, den ein Kunde zu zahlen bereit ist, nicht zufrieden sein, können Sie immer ein Gegenangebot unterbreiten oder eine Zusammenarbeit ablehnen.

Der wichtigste Punkt ist aber: Wenn Sie zusagen, dann tun Sie so, als würde man Ihnen das Doppelte bezahlen.

Viele Dienstleister verlangen 200 US-Dollar, akzeptieren 100 US-Dollar und sind dann eingeschnappt. Sie gehen auf Konfrontationskurs mit dem Kunden, erbringen ihre Dienstleistungen aus Unmut in geringerer Qualität und machen sich unentwegt Vorwürfe, schlecht verhandelt zu haben. In der Folge beschädigt nicht nur die minderwertige Arbeit die Marke, sondern auch die Tatsache, dass niemand eine beleidigte Leberwurst mag. Das zieht miese Mundpropaganda nach sich, was wiederum dazu führt, dass mehr Kunden weniger ausgeben möchten. Oder Ihre Dienstleistungen gar nicht mehr in Anspruch nehmen wollen.

Wenn Sie 200 US-Dollar verlangen und sich auf 100 US-Dollar einlassen, dann stellen Sie sich vor, es wären 300 US-Dollar. Bis zu diesem Punkt ist es Ihnen gestattet, Ihre Emotionen durchzuexerzieren. Sobald Sie sich aber auf den Preis einigen, müssen Ihre Enttäuschung, Ihre Wut und Ihr Unmut weichen. Ersetzen Sie diese Emotionen durch Hartnäckigkeit und Optimismus. Nur so können Sie es schaffen, in Zukunft wieder auf 200 US-Dollar zu kommen.

Dankbarkeit, Demut und Freundlichkeit sind ebenfalls Verbündete. Wenn Sie 350 US-Dollar die Stunde verlangen und sich bei 300 US-Dollar einigen, sind Sie kein Verlierer und der Kunde hat Sie nicht „kleingekriegt". Seien Sie dankbar, dass Sie 300 US-Dollar die Stunde verdienen, und nett zu sich selbst. Wie viele Leute haben je die Gelegenheit, für 60 Minuten ihrer Zeit 300 US-Dollar zu berechnen? Das ist ein irrer Betrag!

Seien Sie demütig und würdigen Sie, dass man Ihnen überhaupt etwas bezahlt hat.

Szenario 15:

Sie arbeiten seit mehreren Jahren in einem Unternehmen. Man schätzt Ihre Arbeit und dennoch fühlen Sie sich unterbezahlt. Sie wissen, dass das Unternehmen Budgetkürzungen vornimmt. Sie wollen nicht unsensibel sein, aber Sie haben eben auch das Gefühl – in Anbetracht des Mehrwertes, den Sie erbringen –, ein höheres Gehalt verdienen zu müssen. Was würden Sie tun?

Ich würde zu meinem Chef ins Büro gehen und Folgendes mit einem freundlichen und empathischen Unterton sagen:

Hallo, ich will nicht unsensibel erscheinen und bin überaus dankbar für die Chance, die Sie mir in diesem Unternehmen gegeben haben. Aber ich denke, dass ich das und das wert bin, und der Grund dafür ist folgender.

Dann können ihre Vorgesetzten ihre Meinung dazu äußern.

Verhandlungen müssen nicht kontrovers sein. Sie können dem Unternehmen freundlich mitteilen, was Sie möchten, und dann kann man Ihnen antworten, ob man Ihre Ansicht teilt oder nicht. Ihre Reaktion braucht dann Verantwortung, Geduld, Überzeugung, Demut und Dankbarkeit.

Sagt mein Chef „Nein", kann ich, wenn es mir das wert ist, entweder bleiben und härter arbeiten oder aber ich kann im Guten auseinandergehen und mir einen anderen Job suchen, der besser bezahlt ist. Dankbarkeit und Demut helfen mir dabei, die Neuigkeiten zu verdauen. Verantwortung und Überzeugung wären die Eigenschaften, die ich anwenden würde, um etwas zu unternehmen. Rein gar nichts würde ich erreichen, indem ich bleibe und mich darüber beschwere, die Gehaltserhöhung nicht bekommen zu haben.

Das Ziel dieses Buches ist, Ihnen zu vermitteln, dass Sie die Kontrolle haben. Ihr Arbeitgeber schuldet Ihnen nichts anderes als das, was in Ihrem Arbeitsvertrag festgehalten ist. Man ist Ihnen keine 100-prozentige Gehaltserhöhung schuldig oder eine Beförderung, noch bevor Ihr Manager befördert wird. Solche Dinge hängen von dem Wert ab, den Sie erbringen.

Die ganze Zeit über werden Sie vom Unternehmen beurteilt. Sie schulden es sich allerdings selbst, auch das Unternehmen zu beurteilen. Bewerten Sie die Fähigkeit des Managements, smarte Entscheidungen zu treffen und Beurteilungen vorzunehmen. Sind Sie der Ansicht, dass ein anderes Unternehmen besser zu Ihnen passen würde, können Sie weiterziehen.

Wenn Sie Ihren Job hingegen hassen und ihn als Gefängnis betrachten, ärgern Sie sich tatsächlich über ihre eigenen Entscheidungen im Leben, die Sie in dem Job gefangen halten. Sie hadern mit der

Tatsache, dass Sie ein Haus oder ein Auto gekauft haben, das Sie sich nicht leisten konnten. Sie nehmen Anstoß an Ihrem eigenen Zynismus und an Ihren Unsicherheiten, die Sie davon abhalten, etwas Neues auszuprobieren. Aber wir befinden uns nicht im kommunistischen Russland, in dem meine Eltern aufwuchsen. Allen Lesern dieses Buches stehen Möglichkeiten offen.

Szenario 15 – Anschlussfrage:

„Wieso würden Sie in einer Verhandlung freundlich sein? Sind Verhandlungen nicht eher aggressiv?“

Die Menschen neigen dazu, Konfrontation mit Aggression zu verwechseln, wenn sie aus Angst handeln. In Verhandlungen haben sie Angst, nicht das gewünschte Ergebnis zu erzielen. Sie fürchten, dass die andere Seite Dinge offen anspricht.

Tatsächlich kennen die meisten Menschen jedoch bereits die Wahrheit. Sie wissen, ob der Designer, der links neben ihnen sitzt, mehr oder weniger Talent als sie selbst hat. Sie wissen, ob die Person rechts von ihnen härter arbeitet oder nicht.

Das wissen sie. In vielen Fällen will man die Wahrheit nicht zugeben und die Verantwortung übernehmen. Darum sind die Beschwerden auch so ungezügelt. Das ist der Bewältigungsmechanismus für Schmerz. Mit diesem Buch will ich erreichen, dass Sie sich in die zwölfeinhalb Eigenschaften verlieben, damit Sie – anstatt sich zu beklagen – die Verantwortung übernehmen und etwas *tun*.

Szenario 16:

Sie wollen beruflich einen neuen Weg gehen. Um Erfahrungen zu sammeln, haben Sie 100 Führungskräfte auf LinkedIn angeschrieben und gefragt, ob es die Möglichkeit eines Praktikums direkt bei ihnen gäbe. Fünf haben geantwortet und einer davon möchte ein Gespräch

> **arrangieren, um Näheres zu besprechen. Sie sind aufgeregt und möchten sich vergewissern, dass Sie einen Mehrwert bieten und ein Verhältnis aufbauen können. Was würden Sie tun?**

Weil sie eher kurzfristige Ergebnisse erzielen wollen, sei es Geld oder Anerkennung, nehmen manche Menschen Jobs oder Praktikumsstellen an, wo sie sich nicht wirklich nützlich machen können. An dieser Stelle sollte Ihre Geduld ein Gleichgewicht zu Ihrer Überzeugung, Hartnäckigkeit und Ihren Ambitionen herstellen.

Nehmen wir an, es geht um ein Gespräch mit einer Modedesignerin.

Während des Gesprächs würde ich nachfragen, wobei sie Hilfe benötigt und selbstbewusst beurteilen, ob ich der Richtige bin. Wenn Sie eine neue Möglichkeit in Betracht ziehen, geht es nicht nur um den Titel und das Geld. Als Erstes müssen Sie überlegen, ob Sie die Rolle tatsächlich erfüllen können oder nicht.

Würde mir die Designerin sagen, ich müsste einen Kalender führen, wohingegen ich weiß, dass ich mit detailorientierter Arbeit Schwierigkeiten habe, würde ich Folgendes freundlich und offen sagen:

> *Ich habe sehr viel Energie, bin aber nicht immer bis aufs i-Tüpfelchen genau. Ist es ein Ausschlusskriterium, wenn ich gelegentlich ein Meeting zur falschen Zeit arrangiere oder einen Stift verlege? Ich will nur ganz offen sein, dass ich auch diese Seite habe. Wird es für Sie in Woche 3 auch noch passen, wenn ich einen Fehler mache, oder wird das wie in „Der Teufel trägt Prada“ gehandhabt? Es ist Ihr Unternehmen, ich möchte es nur von vornherein offen ansprechen.*

Etwas Derartiges zuzugeben, ist nicht immer leicht. Insbesondere, wenn man zwei volle Tage damit zugebracht hat, die ersten 100 Nachrichten rauszuschicken, fünf weitere Stunden investiert fürs Nachverfolgen und endlich einen Anruf von jemandem erhalten hat, den man bewundert.

Aber wenn ich den Job annehme, dürfte ich mit Sicherheit bereits in der ersten Woche einen wichtigen Termin in den Sand setzen. Ich weiß, dass ich in einer Excel-Tabelle etwas falsch eintragen werde. Wenn Sie ein Angebot als Verwaltungskraft annehmen, obwohl Sie wissen, dass Details nicht Ihre Stärke sind, wird das Ihren Ruf bei dieser Designerin schädigen und das ist schlimmer als offen und ehrlich zu sein und sich nach einem anderen Job umzusehen.

Ich muss ausreichend Geduld und Optimismus aufbringen, um sicher zu sein, dass sich mehr Gelegenheiten wie diese bieten werden. Wenn die Designerin antwortet, dass Detailorientierung eine Voraussetzung ist, kann ich Hartnäckigkeit zeigen und mehr Nachrichten an andere in der Branche schicken. Ich werde mich eben noch mehr anstrengen müssen.

Leute nehmen Jobs an, von denen sie wissen, dass sie sie nicht erledigen können, weil sie verunsichert sind in Bezug auf ihre Fähigkeit, mehr Jobs zu bekommen.

In der Realität erhalte ich DMs, die lauten: „Aber, Gary, ich bin ausgebrannt! Ich suche seit fünfeinhalb Wochen nach einem Praktikum. Endlich habe ich eins ergattert. Du hast leicht reden, wenn du sagst, ich soll diese Chance nicht ergreifen."

Fürs Protokoll, mir ist egal, ob Sie es tun oder nicht. An die Leserin oder den Leser: Ich kenne Sie und Ihre konkrete Situation nicht. Eins aber weiß ich: Wenn Sie einen für Sie nicht geeigneten Job annehmen, weil Sie verzweifelt ein Angebot brauchen, dann dürften Sie in sechs Wochen, wenn Sie gefeuert werden, größere Probleme mit Ihrem Selbstwertgefühl haben.

Menschen tricksen sich aus und denken: „Ich werde es schon lernen, detailgenau zu arbeiten."

Wegen trügerischen Hoffnungen machen sie bei ihrem Selbstbewusstsein Abstriche. Wieso will man einen Job annehmen, bei dem die Leistung vollständig davon abhängt, wie sehr man eine Schwäche verbessern kann?

Szenario 16 – *Anschlussfrage:*

„Was, wenn man den Job annimmt, aber in Woche 3 feststellt, dass es ein Fehler war? Was würden Sie dann tun?“

Zu viele Leute halten an einem Job länger fest, als sie es wollen, weil sie von ihren Eltern oder Berufsberatern hören, das würde sich „schlecht im Lebenslauf“ machen. Das ist der größte Schwachsinn aller Zeiten.

Wenn sich Unternehmen in Zukunft danach erkundigen, können Sie erklären, dass Sie auf Ihre Selbsterkenntnis vertraut haben und festgestellt haben, dass es nicht das Passende war. Sie hätten nach drei Wochen festgestellt, dass Sie keinen Mehrwert erbringen würden, und die Demut aufgebracht, zu kündigen. Da ist nichts Schlimmes daran.

Wenn es Ihnen Unbehagen bereitet, so bald zu kündigen, wenn Sie denken, das ist nicht nett dem Unternehmen gegenüber, für das Sie arbeiten, können Sie sich im Vorfeld genauer erkundigen und so sicherstellen, dass Ihre Rolle Ihren Stärken entspricht. Verschaffen Sie sich vollständige Klarheit darüber, was Sie tun, mit wem Sie arbeiten werden, und was das Unternehmen erreichen will.

Szenario 17:

Sie leiten ein Unternehmen, an dem Sie und Bob, Ihr Partner, zu jeweils 50 Prozent beteiligt sind. Sie arbeiten schon sehr lange zusammen und denken, dass Sie ihn gut einschätzen können. Bob ist dem Unternehmen von großem Nutzen und seine Fähigkeiten ergänzen Ihre. Er arbeitet mit einem Buchhalter zusammen, um die Finanzen in Ordnung zu halten – und Sie vertrauen ihm diese Seite des Geschäfts blind an –, während Sie sich darauf konzentrieren, den Umsatz anzukurbeln. Eines Tages jedoch sagt Bob, er würde sich selbst einen zusätzlichen Bonus ausbezahlen, woraufhin Sie ent-

scheiden, den Buchhalter direkt anzurufen, um herauszufinden, wie es um die Finanzen bestellt ist. Ihnen fällt auf, dass er seit Monaten bereits Geld aus dem Geschäft zieht und Persönliches, Urlaube, Renovierungen und vieles mehr bezahlt. Was würden Sie tun?

Kein Witz, aber das Erste, das mir durch den Kopf schießt ist: *Geschieht mir recht.*

Unternehmen werden anhand von Zahlen geführt. Ich habe Bob gern und mag anfänglich enttäuscht und verletzt sein, aber die erste Zutat, die ich verwenden würde, ist Verantwortung. Ich hätte jeden Tag auf den Buchhalter zugehen und mir die Zahlen jederzeit ansehen können. Aber das habe ich nicht.

Verantwortung ist das Gegenmittel für Wut. Wütend zu sein und sich wie ein Opfer zu fühlen ist ein furchtbarer Einstieg, denn sie schaffen keinen Raum für Gespräche. Außerdem machen das die meisten Leute. Mir würde Verantwortung hier besser helfen, denn es ist ja nicht so, als hätte ich keine Kontrolle darüber gehabt.

Gleichzeitig würde ich mich nicht damit quälen, dass ich nicht beim Buchhalter nachgefragt habe. In diesem Szenario bin ich ganz offensichtlich eine Person, die kein Interesse daran hat, die laufenden Finanzen zu überprüfen. Ich war vielmehr die offensive Umsatzquelle. Das Selbstbewusstsein würde zu der Erkenntnis führen, dass es mir keinen Spaß macht, Zahlen zu prüfen und ich einem Partner vertraute, der diese Fähigkeiten mit einbrachte. Das ist okay.

Ich werde mich nicht daran aufhalten und mir sagen „Ich bin ein Idiot“ oder „Ich lasse mich wie ein Loser ausnutzen“.

Ob Sie es glauben oder nicht, ich würde mir Sorgen um Bob machen. Ich würde mich in ihn hineinversetzen.

Geht seine Ehe in die Brüche? Sind seine Kinder krank? Steckt er in einer Midlife-Crisis? Hat Bob eine unheilbare Krankheit und will einfach noch das Leben genießen? Gibt es etwas, das ich nicht weiß?

Verwechseln Sie diese Art des Optimismus jedoch nicht mit Naivität oder Illusion. Hier ist Optimismus nicht gleichzusetzen damit, dass man so naiv ist, anzunehmen, dass Bob das Geld für seinen Urlaub „aus Versehen“ gestohlen hat. Vielmehr glaubt man daran, dass unsere Beziehung das Potenzial hat, diese Situation zu überstehen. Vielleicht gibt es eine sinnvolle Erklärung dafür. Vielleicht ist das nur eine flüchtige Momentaufnahme. **Ob sich das nun als wahr erweist oder nicht, mit dieser Einstellung wird der Rahmen für ein sicheres Gespräch abgesteckt.**

Wenn Sie mit Wut reagieren, liefern Sie Bob lediglich den Anlass, in Abwehrhaltung zu gehen und wachsam zu sein. Für ein positives Ergebnis ist das nicht gerade eine gute Grundlage.

Wenn Sie aber auf Bob in etwa so zugehen:

> *Hey Bob, ich bin sicher, hierfür gibt es eine Erklärung. Ich kann das aus den Unterlagen zwar nicht erkennen, aber wir arbeiten schon so lange zusammen. Ich kann mir diesen Trip nach Cabo, die Renovierungseinkäufe oder auch die privaten Flugreisen nicht erklären. Kannst du mir helfen? Was ist da los? Was übersehe ich?*

Das verändert alles. Indem Sie gleich zu Beginn Empathie und Verantwortung walten lassen, haben Sie Ihrem Geschäftspartner (der wahrscheinlich Schmerzen hat) eine kleine Atempause verschafft, sodass es ihm möglich wird, Ihnen reinen Wein einzuschenken.

Zahlreiche Personen waren in Partnerschaften mit ähnlichen Indiskretionen konfrontiert, konnten diese aber mit Vergebung tatsächlich meistern. Es gibt Partner, die sich gegenseitig Geld gestohlen haben und nach dem klärenden Gespräch eine bessere Partnerschaft entwickelten. Es muss also nicht zwangsläufig das Ende einer Beziehung bedeuten. Nach dem Gespräch erkenne ich vielleicht, dass es für mich in Ordnung geht und ich die Zusammenarbeit fortsetzen kann.

Auf der anderen Seite gibt es Menschen, die könnten das nie überwinden und die Partnerschaft weiterführen. Wenn es Ihnen so geht, ist das mehr als verständlich. Sie können darüber diskutieren, Bob gehen zu lassen, ihn abzufinden, ihn zu bitten, das Geld zurückzuzahlen oder alle möglichen anderen Schritte erwägen. Nach dem geschützten Gespräch können Sie erneut Verantwortung übernehmen und eine Entscheidung treffen.

Wenn ich nun entscheiden würde, darüber hinwegzusehen, würde die Beziehung für mich je wieder so werden wie zuvor? Natürlich nicht. Würde ich ein Auge auf die Finanzen haben? Vermutlich. Könnte ich ein System einrichten, das mich per Nachricht alarmiert, wenn Einzahlungen und Abbuchungen erfolgen? Sicher.

Hier geht es darum, sich selbst in die Lage zu versetzen, eine individuelle Entscheidung zu treffen. Sie müssen die Partnerschaft nicht beenden, nur weil Sie in den Augen der Öffentlichkeit „ausgenutzt worden" sind. Die Partnerschaft aufrechterhalten und die Sache in Ordnung bringen müssen Sie aber auch nicht, wenn Sie Ihren Groll nicht überwinden können.

In Ihrem eigenen Spiel stellen Sie die Regeln auf. Die emotionalen Zutaten verleihen Ihnen die Kontrolle darüber, die von Ihnen gewünschte Entscheidung zu treffen.

Szenario 18:

Sie sind ein junger Kerl und arbeiten in einem Unternehmen, das Ihrem Onkel gehört. Sie haben zwei Mentoren: Charles (Ihr direkter Vorgesetzter) und Sarah (die Vorgesetzte Ihres Vorgesetzten), mit denen Sie eng zusammenarbeiten und die Sie bewundern. Sie sind Teil eines 70-köpfigen Vertriebsteams. An einem Montagmorgen kommen Sie ins Büro und erfahren, dass Ihre Mentoren das Unternehmen verlassen haben, um eine Konkurrenzfirma zu gründen. Obwohl sie Sie gern einstellen würden, lehnen Sie höflich ab, weil Sie das Unternehmen Ihres Onkels nicht verlassen wollen. Unvermutet rücken Sie bei der Arbeit in eine Führungsposition auf, führen nunmehr ein 58-köpfiges Vertriebsteam (nachdem zwölf zum neuen Unternehmen

abgewandert sind) und versuchen, einen Aktionsplan auszuarbeiten. Was würden Sie tun?

Als Erstes würde ich beim Selbstbewusstsein und der Empathie ansetzen. Mit Empathie würden Sie erfahren, wie sich Ihr neues 58-köpfiges Team fühlt. Einige davon wollten vielleicht für Charles und Sarah arbeiten, sind jedoch nicht gefragt worden. Andere wollten womöglich bleiben, weil sie die Stabilität im Unternehmen Ihres Onkels zu schätzen wissen. Wieder andere sind vielleicht gefragt worden, haben sich aber aus Loyalität dem Unternehmen gegenüber dazu entschieden, zu bleiben.

Mit Empathie können Sie Vertrauen aufbauen und das Team inspirieren. Das wäre von ausschlaggebendem Gewicht in den kommenden sechs bis zwölf Monaten, wenn die Lage undurchsichtig ist – vor allem aber in den nächsten sechs bis zehn Wochen.

Selbstbewusstsein fördert das Verständnis dafür, wie man führt. Den Fehler, den die meisten begehen, wenn sie in Führungspositionen aufsteigen, ist der Versuch, es den bisherigen Managern gleichzutun. Wenn Charles und Sarah bislang Besprechungen frei gehalten haben, Sie aber mehr Struktur benötigen, müssen Sie sie nicht kopieren. Vielleicht sind Sie nicht so charismatisch oder extrovertiert. Vielleicht vermitteln Sie nicht so viel Überzeugung beim Kommunizieren. Oder Sie stolpern ein wenig über die eigenen Wörter. Und trotz allem können Sie eine starke Führungskraft sein.

Nicht jede Führungspersönlichkeit muss extrovertiert und energisch sein. Mit Selbstbewusstsein, Demut und Empathie können Sie Ihre Unterschiede zu den früheren Managern gleich zu Beginn thematisieren.

An diesem Montagmorgen könnten Sie beispielsweise eine Teambesprechung einberufen und so etwas sagen wie:

Ich weiß, ich bin jung. Wie Sie wissen, gehört das Unternehmen meinem Onkel. Schon als Kind bin ich hierher gekommen. Ich bin genauso erschüttert wie alle anderen hier, dass Charles und Sarah gegangen sind. Jetzt liegt es aber in meiner Verantwortung, in unserer Verantwortung, sie zu schlagen.

Es ist wie im Sport. Nur weil jemand geht, heißt das nicht, dass sie nun Todfeinde sind. Oder dass wir bis zum bitteren Ende kämpfen. Wir müssen nicht über sie oder die zwölf Leute, die mit ihnen gegangen sind, klatschen und tratschen. Ich will in den nächsten drei Wochen keine Gerüchte hören, dass Johnny aus unserem Team mit jemandem aus dem anderen Team gesimst hat.

In Teams werden Spieler ausgetauscht. Manchmal gehen Spieler und heuern bei einem anderen Team an. Ich sage nicht, dass das lustig ist. Wenn jemand von den Jets zu den Patriots wechseln würde, wäre das klar Rivalität. Aber ist es wirklich ein Problem?

Wir mögen nun mit Charles und Sarah konkurrieren, aber vergessen Sie nicht: Das gilt nur für die Arbeit. Sie können auch weiterhin mit Karens Ehemann John befreundet sein, der zwar zum anderen Unternehmen abgewandert, aber zufällig Ihr bester Kumpel ist. Klar wollen wir sie auf dem geschäftlichen Spielfeld schlagen, aber bitte kein übermäßiges Drama. Sie können immer noch mit allen Leuten befreundet sein, die mitgegangen sind, einschließlich Charles und Sarah.

Gleichzeitig dürfen Sie nicht vergessen, dass Sie gerade jetzt Ihr Trikot tragen. Und während Sie dieses Trikot tragen, werden wir versuchen, sie und alle anderen zu vernichten, die mit uns konkurrieren. Wir müssen daraus nichts Politisches, nichts Seltsames machen. Aber wir müssen jetzt da rausgehen und verkaufen.

Szenario 18 – Anschlussfrage:

„Welche Skills muss man entwickeln, wenn man in eine Führungsfunktion aufrückt?"

Emotionale Intelligenz ist hilfreich – unabhängig davon, was man tut; aber sie ist für Manager noch wertvoller, da sie mehr Menschen beeinflussen. Wenn Sie für Mitarbeiter oder Teammitglieder verantwortlich sind, werden Ihre emotionalen Kompetenzen und Ihre Mängel verstärkt. Wenn Sie diese zwölfeinhalb Eigenschaften oder weitere von Ihnen bewunderte Charakteristika entwickelt haben, werden die Menschen es bemerken. Und wenn nicht, bemerken sie es auch.

Ihre technischen Fertigkeiten mögen besser sein als die anderer Manager, aber wenn Sie nicht optimistisch sind, werden Sie bei der Skalierung Ihres Teams vor Herausforderungen stehen. Wenn Sie nicht empathisch sind, werden Sie Schwierigkeiten haben, Leute für sich zu gewinnen. Wenn Sie nicht neugierig sind, werden Sie nicht so schnell Innovationen entwickeln.

Szenario 19:

Sie arbeiten in einer Großstadt in der Finanzbranche und Sie hassen es, jeden Tag dorthin zu müssen. Aber Sie haben Familie und es ist wichtig, dass Sie genug Einkommen erzielen, um ihren Lebensstil aufrechtzuerhalten. Auch wenn Sie Ihren Job hassen, er bezahlt die Rechnungen. Nebenbei arbeiten Sie an einem Blog und veröffentlichen Bewertungen von Eiscafés in Ihrer Stadt. Mit diesem Projekt sind Sie an einem Punkt angelangt, an dem Sie gerade genug Geld aus Affiliate-Einnahmen generieren, dass Sie sich dabei wohlfühlen würden, wenn Sie Ihren Job aufgeben. Dann behindert Google Ihre Seite mit einem Algorithmus-Update und der Umsatz bricht zusammen. Was würden Sie tun?

Hätte ich mich ausschließlich auf Google verlassen und keine Marke und keinen Traffic aus Social-Media-Inhalten oder anderen Quellen (wie Presse oder Direktwerbung) generiert, dann würde mir das recht geschehen. Ich hätte Traffic aus Kanälen wie LinkedIn, Instagram, TikTok oder anderen generieren sollen; deshalb würde ich die Verantwortung dafür übernehmen.

Als Nächstes kommt Optimismus.

In diesem Szenario habe ich bereits so vieles erreicht. Ich verdiene gutes Geld mit einem Job in einer Großstadt und ganz offensichtlich kann ich eine eigene Umsatzquelle erschließen. Ich wäre optimistisch, dass ich das, was ich in ein paar Jahren über die Suchmaschine aufgebaut habe, schneller in den sozialen Medien aufbauen kann. Ich würde mich daran machen, einen multidimensionalen Traffic-Generator aufzuziehen, der auf mehreren Social-Media-Kanälen, auf E-Mails, Affiliates und Influencern beruht, und meine SEO (Search-Engine-Optimierung) wiederaufzubauen.

Zudem spielt das Selbstbewusstsein hier eine wichtige Rolle. In dieser Situation bin ich offensichtlich unglücklich. Ich hatte angenommen, finanziell fast aus diesem Gefängnis ausbrechen zu können. In diesem Szenario werde ich also ein Gespräch mit meiner besseren Hälfte führen und ihr mitteilen, wie ich zu alldem stehe. Und vielleicht würde ich eine Weile außerhalb der Großstadt leben, um meine Ausgaben zu reduzieren. Gerade nach der Corona-Pandemie mag es nicht so wichtig sein, wo ich lebe. Ich würde selbstbewusst überlegen, wie viel es mir und meiner Familie wirklich bedeutet, an so einem teuren Ort zu wohnen.

Das mag vielleicht bedeuten, dass ich eine größere Strecke zu meinem Job pendeln und meinen Arbeitgeber überzeugen muss, dass ich von zu Hause aus arbeiten und einige Tage die Woche ins Büro kommen kann, nachdem das Homeoffice durch die Pandemie auf größere Zustimmung trifft. Ich würde in den sauren Apfel eines zweistündigen Arbeitsweges beißen und könnte an den anderen Tagen bei geringeren Lebenshaltungskosten mehr Arbeit in mein Nebenprojekt investieren.

Aber vielleicht liebe ich es ja, in der Stadt zu wohnen, Restaurants zu besuchen und bis ein Uhr morgens auszugehen, dann ist das ebenfalls okay. Ich könnte weiter mit meiner Familie in der Stadt wohnen und die höheren Kosten tragen. Dann müsste ich eben Geduld aufbringen und die Tatsache akzeptieren, dass es länger dauert, bis ich meinen Job aufgeben kann.

Szenario 20:

Sie leiten in Ihrem Unternehmen den Vertrieb und Ihr Team bleibt hinter den Erwartungen zurück. Die letzten drei Quartale in Folge trug Ihr Team weniger als 25 Prozent zur Gesamtleistung des Unternehmens bei. Wenn sich das Team in diesem Quartal nicht verbessert, so die Warnung der Unternehmensleitung, müsse man Sie eventuell entlassen. Was würden Sie tun?

Ich würde sofort die Schuld dafür übernehmen. Selbst wenn meine Mitarbeiter schlechter abschneiden, ich bin ihre Führungskraft. Ich habe die Kontrolle darüber, wie ich die mir Untergebenen manage und leite. Wenn mein Team hinter den Erwartungen zurückbleibt, gibt es nur eine Stelle, an der man nachschauen muss: im Spiegel.

Verantwortung ist der Impuls, der mich veranlassen würde, das Steuer in die Hand zu nehmen. Anstatt zu denken, *Ich wünschte, ich hätte ein clevereres Team* oder *Sally liegt nur vorn, weil sie die besten Talente bekommen hat,* kann ich proaktiv Entscheidungen treffen. Ich würde damit anfangen, jeden meiner Vertriebsmitarbeiter zu bewerten. Wo sind die Schwachstellen? Gibt es toxische Mitarbeiter? Wer sind die Top-Performer?

Ich würde ein Meeting mit meinem Team außerhalb des Firmengeländes vorschlagen und ein eingehendes Gespräch darüber führen, was ich tun kann, um das Umfeld zu verbessern. Das heißt ich muss mich in sie hineinversetzen und einen Schritt zurückmachen, um ein Gespür dafür zu bekommen, was jede einzelne Person in meinem Team antreibt.

Dieser Ansatz erfordert auch Demut. Ich bin nicht der Ansicht, dass meine Mitarbeiter mir bei VaynerMedia irgendetwas schuldig sind. Es ist mein Job, sie in die Lage zu versetzen, erfolgreich zu sein. Es ist mein Job, ihnen zu beweisen, dass ich mich um sie kümmere. Es geht nicht um Leistung und Gegenleistung und um die Erwartung, dass sie hart arbeiten, weil sie einen Gehaltscheck bekommen.

Ist doch egal, dass sie einen Gehaltscheck kriegen, den gibt es bei anderen Unternehmen auch. Darum sage ich stets, dass ich für meine Mitarbeiter arbeite und nicht umgekehrt.

Vielleicht stelle ich in diesem Szenario fest, dass mein Team ein konkurrierender Haufen ist und gern miteinander im Wettstreit liegt. Vielleicht ziehen es einige von ihnen vor, eine tiefe Kameradschaft zu entwickeln. Was motiviert sie? Was möchten sie in ihrem Berufsleben erreichen?

Diese Unterhaltung könnte in viele Richtungen gehen. Beispielsweise könnte ich herausfinden, dass der eigentliche Grund für die insgesamt schwächere Teamleistung der Top-Performer ist. Der größte Umsatzbringer könnte eine toxische Einstellung haben, die den Rest der Belegschaft unglücklich macht, sodass es ihnen täglich davor graut, zur Arbeit zu kommen.

Wäre das der Fall, würde ich dieser Person ein Feedback mit freundlicher Offenheit geben. Ändert sich ihr Verhalten trotzdem nicht, würde ich den Schlag einstecken und die Person gehen lassen. Damit würde mein Gesamtergebnis womöglich um 50 Prozent zurückgehen, aber die Entfernung dieses Krebsgeschwürs könnte dazu führen, dass das übrige Team diese 50 Prozent wieder einfährt.

Vielleicht gibt es auch einige weniger erfolgreiche Teammitglieder, die eine zusätzliche Schulung im Vertrieb benötigen. Ich würde mich auf die Grundlagen konzentrieren und sicherstellen, dass alle verstehen, wie man verkauft, würde eventuell sogar selbst Kundenkontakte generieren, um zur Optimierung beizutragen.

In diesem Fall würde ich extrem neugierig sein, denn Neugier führt zu kreativen Ideen. In diesem Szenario braucht es ganz eindeutig eine Idee, damit der Funke auf das Team überspringt. Vielleicht geben meine Gespräche mit ihnen eine Idee her? Wenn ich beispielsweise erfahre, dass mein Team gern wetteifert, könnte ich ein kleines Spiel für unsere Gruppe entwickeln, das sie gegeneinander spielen können. Brauchen sie hingegen Kameradschaft, könnte ich eine Dinner Party über eine Videokonferenz oder bei jemandem zu Hause organisieren, sodass mehr Kontakt entstehen kann.

Szenario 21:

Sie haben eine strategische Funktion als Managerin inne, in der Sie in etwa 10 bis 20 Prozent Ihrer Zeit detailorientierte Verwaltungsaufgaben erledigen müssen. Es ist eine Herausforderung, denn Ihnen ist klargeworden, dass Sie nicht organisiert sind und daher mit diesem Teil Ihrer Arbeit zu kämpfen haben. Sie neigen dazu, E-Mails und Kalendereinladungen von anderen zu übersehen. Ihnen fehlt das Budget, um eine oder einen Assistenten einzustellen, und Sie bemerken, dass die Ihnen unterstellten Teammitglieder allmählich wegen Ihrer mangelnden Detailgenauigkeit frustriert sind. Was würden Sie tun?

Ob als Unternehmer oder Mitarbeiter: Sie werden sich in Ihrem Berufsleben oft in Situationen wiederfinden, in denen Sie die Kommunikation mit Vorgesetzten oder Ihnen Unterstellten steuern müssen.

In diesem speziellen Fall sorgt Ihre Schwäche für Reibereien mit den Teammitgliedern – Ihren Vorgesetzten fällt das wahrscheinlich auch auf. An dieser Stelle können Selbstbewusstsein und Demut anderen ein besseres Gespür für Ihre guten Absichten vermitteln. Diese Zutaten erleichtern es anderen, sich in Sie hineinzuversetzen.

Mit Selbstbewusstsein lassen sich nicht nur Ihre Stärken und Schwächen ermitteln, es schafft Klarheit, wo Sie sich tatsächlich noch verbessern können. Sobald Sie Ihre Schwächen kennen, fällt Demut leicht. Wenn Sie sich Ihrer selbst bewusst und demütig sind, haben Sie die Basis dafür geschaffen, verantwortlich zu sein, anstatt Ihre Teammitglieder zu beschuldigen oder auf Ihren Fehlern herumzureiten.

Mit Verantwortung können Sie in jedem Unternehmen die Karriereleiter hinaufsteigen. Manche Mitarbeiter bleiben jahrelang in derselben Position stecken, weil ihre Manager sie – ob nun unbewusst oder bewusst – als Nörgler anstatt als Problemlöser sehen. Wenn Sie die Verantwortung übernehmen, können Sie Ihren Kollegen und Managern Lösungen anstelle von Beschwerden unterbreiten.

Wäre ich in dieser Lage, würde ich als Erstes ein Einzelgespräch mit meinem Vorgesetzten organisieren und die Lösungen zuvor skizzieren.

Vor diesem Gespräch hätte ich unter vier Augen mit einem mir unterstellten Teammitglied geredet und gefragt: „Hast du noch Kapazität, mir bei der Verwaltungsarbeit unter die Arme zu greifen? Könntest du dir das vorstellen?“

Das könnte eine Chance für jemanden in meinem Team sein, der in seiner aktuellen Funktion eher schlecht abschneidet. Indem er oder sie mir mit der Verwaltung hilft, könnte diese Person in einer anderen Funktion Mehrwert schaffen, die eher ihren Stärken entspricht, und darüber hinaus wertvoller für das Unternehmen als Ganzes sein.

Die Funktionen meiner Mitarbeiter anzupassen, wäre sehr viel zweckmäßiger, als von meinem Boss mehr Geld zu verlangen, um eine Hilfe zu engagieren. Selbst wenn mir je die Einstellung eines persönlichen Assistenten genehmigt würde, müsste ich Einfühlungsvermögen den anderen gleichrangigen Kollegen gegenüber zeigen, die keinen haben. Das könnte zu größeren kulturellen Problemen im Unternehmen führen.

Sobald ich mit zwei oder drei mir unterstellten Teammitgliedern geredet und einen Weg gefunden hätte, zehn Prozent der Zeit eines Mitarbeiters der Verwaltungsarbeit zuzuweisen, würde ich entspannter in das Gespräch mit meinem Chef gehen.

Szenario 21 – Anschlussfrage:

„Was, wenn Ihrer Führungskraft die Lösung nicht zusagt und sie sagt, Sie müssten allein klarkommen?“

Nehmen wir einmal an, die Führungskraft sagt: „Es geht nicht, dass einer Ihrer Mitarbeiter Ihnen den Kalender führt.“

Die wichtigsten Komponenten wären für mich Geduld und Optimismus. Ich könnte mir entweder etwas Besseres überlegen oder mich eben in puncto Detailarbeit verbessern. Ich könnte entscheiden, dass ich nicht so weit weg von „gut genug" bin und ich versuchen will, mich weiterzuentwickeln. Ich könnte aber auch Hartnäckigkeit zeigen und mir einen Job bei einem anderen Unternehmen suchen, wenn ich entscheide, dass ich keinerlei Interesse daran habe, detailorientierter zu werden. Ich wäre ziemlich optimistisch, einen anderen Job finden zu können, der entweder besser bezahlt ist oder aber weniger einbringt, aber dafür über ein Arbeitsklima verfügt, das mehr auf meine Stärken ausgerichtet ist.

Beispielsweise könnte ich mir einen Job als Autoverkäufer suchen und mein Leben weit mehr genießen, weil ich nicht 10 oder 20 Prozent meiner Zeit darauf verwenden müsste, etwas Verhasstes zu tun, und die übrigen 80 oder 90 Prozent auch nicht damit verbringen müsste, mir um diese 10 oder 20 Prozent Sorgen zu machen. Voll auf meine Stärken zu setzen, würde witzigerweise zu einer besseren Leistung und einem höheren Glücksgefühl führen, was wiederum langfristig mehr Beförderungen und beträchtliche Gehaltserhöhungen mit sich bringen könnte.

Szenario 22:

Sie sind Unternehmer und haben in den letzten zwei Monaten konstant Audio-, Video- und Textinhalte in den sozialen Medien platziert. Zwar ist Ihre Followerbasis etwas gestiegen, aber der Social-Media-Bereich hat keine Kunden hervorgebracht. Sie versuchen, zu erfassen, ob Sie auf dem richtigen Weg sind oder nicht, ob Sie weitermachen oder Ihre Strategie anpassen sollten. Was würden Sie tun?

Ich würde jede einzelne emotionale Zutat in diesem Szenario einbringen.

Jedermanns größte Chance auf Erden ist, mit der Welt über die sozialen Medien zu kommunizieren. Ich bin davon überzeugt, dass die Content-Generierung auf den 12 bis 15 Plattformen, die für die größte Aufmerksamkeit sorgen, das ultimative Tor zu neuen Möglichkeiten ist, ob Sie nun versuchen, einen neuen Job zu finden, Ihr Geschäft auszubauen oder sich als Bürgermeister zur Wahl zu stellen.

In diesem Szenario würde ich alle Gewürze hinzugeben, die das Regal hergibt:

> **Dankbarkeit:** Ich wäre dankbar für die Gelegenheit, mit der Welt kommunizieren zu dürfen. Fragen Sie Ihre Großmutter, welche Möglichkeiten sie hatte, um an Kunden für ihr Geschäft zu kommen. Oder welche Nebengeschäfte sie des Nachts führen konnte, nachdem sie die Kinder zu Bett gebracht hatte oder von der Arbeit nach Hause gekommen war. Das Internet eröffnet uns so viele Möglichkeiten.

> **Selbstbewusstsein:** Ich würde mich fragen, ob ich Content generiere, der meinen Stärken entspricht. Vielleicht entfachen Sie zu wenig Nachfrage, weil Sie Blog-Beiträge posten, wenn Sie sich jedoch vielmehr selbst filmen sollten. Vielleicht versuchen Sie, meine vor Energie sprühenden Video-Inhalte in den sozialen Medien zu imitieren, obwohl Sie introvertiert sind und sich beim Filmen scheußlich fühlen. Und womöglich ein effizienterer Verfasser wären. Ich wünschte, ich könnte schreiben. Ich kann es aber nicht. Stattdessen nutze ich mein Selbstbewusstsein, sitze nun in einem Zimmer und schreibe dieses Buch mit Raghav, indem ich es einspreche.

> **Verantwortung:** Es ist ein gutes Gefühl zu wissen, dass man für alles verantwortlich ist. Das bedeutet, dass man die Kontrolle hat, wenn man etwas in Ordnung bringen will.

Optimismus: Es macht sehr viel mehr Spaß, „Morgen ist der Tag, an dem ich etwas poste, das meinen Geschäftsverlauf verändern wird“ zu sagen, als das Gegenteil. Sich selbst zu sagen „Ich werde nie einen Inhalt erstellen, der funktioniert“ ist eine selbsterfüllende Prophezeiung.

Empathie und Demut: Ich würde mich Folgendes fragen: „Wieso sollte sich jemand eins meiner Videos ansehen? Sie haben anderes zu tun. Wer bin ich schon?“ In Ihrem Stream gibt es Millionen an Videos. Und ich bin nur ein einzelner Mensch.

Überzeugung: Gleichzeitig weiß ich, dass ich der Wahnsinnstyp bin. Und deshalb sollten Sie mir zuhören. Bei der Überzeugung geht es darum, an den von Ihnen generierten Content zu glauben. Es geht darum, zu glauben, dass Sie Kenntnisse über Rechtsfragen, Gartenbau, Wein oder Schach verfügen, die anderen fehlen.

Freundlichkeit: Wenn ich etwas Neues versuche, ist es absolut unerlässlich, nett zu mir selbst zu sein. Ich gebe mein Bestes.

Hartnäckigkeit: Es sind doch nur zwei Monate. Ganz eindeutig muss ich entschlossen bleiben. Niemand schafft den Durchbruch beim ersten Versuch. Die meisten Leute schaffen den Durchbruch nicht nach den ersten 50 Versuchen. Oder 500 Versuchen. Noch nicht einmal nach 5.000. In der Anfangszeit von Wine Library TV hatten wir keine Zuschauer. Obwohl ich einen E-Mail-Newsletter hatte, mit dem ich die Folgen an Abonnenten schickte, wollte trotzdem niemand reinschauen. Ein Unternehmen aufzubauen braucht Zeit.

Neugier: Neugier braucht es hier nicht wirklich.

Geduld: Wenn Sie meinem Content in den sozialen Medien folgen, wissen Sie, wie sehr ich an die Geduld glaube. Sie ist die Ergänzung für Hartnäckigkeit. Ich muss geduldig sein, um die 500 bis 5.000 Versuche durchzustehen.

Ambition: Ich würde mich fragen: „Warum versuche ich überhaupt, dieses Geschäft auszubauen?“

Tatsächlich ist mir just eingefallen, wie ich Neugier einsetzen würde:

Ich lasse mich sowohl im Beruf als auch im Privaten wirklich faszinieren. Wie viel Einfluss kann ich auf die Welt ausüben? Wie weit kann ich mein Geschäft ausbauen? Wie viel Bewunderung kann ich bekommen? Könnte mein Geburtstag ein Nationalfeiertag sein?

Hier geht es nicht um das Ego; das ist aufrichtige Neugier. Das treibt zum Teil meine Ambition an. Es geht nicht anders, ich muss mich einfach fragen: „Wie sehr kann ich die Gesellschaft beeinflussen?“

Dieses Buch heißt *Zwölfeinhalb*. Gibt es in drei Jahren einen Nachfolger, den wir dann 16 ⅔ taufen? Gibt es mehr emotionale Zutaten, die ich in meinem Leben verwenden kann?

Ich bin neugierig.

Und Sie sind es auch. Wird Ihr nächster Post derjenige sein, der womöglich zu einer Show auf *Netflix* führt?

Szenario 22 – Anschlussfrage:

„Welche emotionalen Eigenschaften würden Sie einsetzen, um zu analysieren, welcher Content in den sozialen Medien funktioniert?“

Selbstbewusstsein, dann Verantwortung.

Wenn Sie selbstbewusst sind, wollen Sie die Wahrheit sehen. Erst dann können Sie sich auf die Schwarz-Weiß- und die Grautöne einlassen.

Schwarz-Weiß sind die quantitativen Daten. Also wie viele Follower, Likes und Kommentare Sie zu jedem Beitrag bekommen.

Grau sind die Nuancen. Haben Sie ein positives Gefühl? Entwickeln Sie Eigendynamik? Haben Sie das Gefühl, dass Sie an etwas dran sind?

Zur Validierung ziehe ich quantitative Daten heran. So kann ich feststellen, dass ich wachse. Aber das ist für mich zweitrangig.

Wenn ich das Gefühl habe, an etwas dran zu sein, wenn mir dieses Gefühl gefällt, dann bin ich viel glücklicher. Es ist wie beim Training im Fitnessstudio oder bei einem guten Essen. Sobald man es tut, weiß man, dass man auf dem richtigen Weg ist. Das weiß man aufgrund seines Gefühls. Das sind die Grautöne.

Die Schwarz-Weiß-Daten können Sie immer überwachen. Bauen Sie mehr Muskeln auf? Gehen Sie häufiger aufs Klo? Mit der Zeit werden Sie tatsächlich messbare Ergebnisse erkennen.

Szenario 23:

Sie führen nun seit einiger Zeit Ihr eigenes Geschäft und Sie lieben es. Es hat Ihnen so viel eingebracht, dass Sie Ihren Job aufgeben und das Unternehmen erweitern konnten. Ihr Ziel ist es, das Unternehmen noch viel weiter auszubauen. An einem Dienstagmorgen wachen Sie jedoch auf und haben einfach nicht die Muße, zur Arbeit zu gehen. Was würden Sie tun?

Lassen Sie uns übers Urteilen sprechen.

Alle, die das hier lesen, dürften mir zustimmen, wenn ich sage, dass Menschen, die über andere urteilen, nicht alle Informationen zur Hand haben. Wenn man über jemanden urteilt, zieht man sich im Allgemeinen nur ein paar bestimmte Verhaltensweisen oder Handlungen heraus. Sie kennen die Person nicht – und selbst wenn, wissen Sie oftmals nicht, was im Privaten vor sich geht. Sie haben vermutlich nicht Jahre damit zugebracht, die Geschehnisse in der Kindheit dieser Person herauszuarbeiten, was aber notwendig wäre. Sie haben einfach nicht das ganze Bild. Das heißt nicht, dass man Menschen nicht mittels freundlicher Offenheit für ihre Handlungen zur Verantwortung ziehen sollte. Es ist nur nicht clever, sie dafür zu verurteilen.

Menschen, die ein hartes Urteil über andere treffen, gehen mit sich selbst und ihren eigenen Handlungen am schärfsten ins Gericht. Wir machen uns selbst viel zu sehr fertig. Um nett zu anderen zu sein, müssen Sie zunächst nett zu sich selbst sein.

In diesem Szenario würde ich mir sagen: „Ich habe die ganze Zeit über hart gearbeitet, und ich habe heute einfach keine Lust dazu. Es ist okay, wenn ich heute keinen Antrieb habe."

Viele ambitionierte Firmengründer würden sich durch den Dienstag quälen. Da auch ich ein großer Fan vom Durchquälen bin, würde ich mich auf mein Selbstbewusstsein stützen, um zu erwägen, ob das an einem bestimmten Tag der richtige Weg wäre.

Es ist wie beim Trainieren. Von den 320 Tagen, an denen ich trainiere, habe ich an etwa 290 Tagen keine Lust dazu. Aber ich weiß, wenn ich es durch die ersten fünf bis zehn Minuten schaffe, komme ich in den Flow. Erst vor Kurzem habe ich mich – nach ungefähr sechs Jahren mit einer konsistenten Trainingsroutine – etwas geschont und gelegentlich einen Tag Pause gemacht, wenn mir der Sinn *wirklich* nicht nach Training stand. Für mich war das eine gesunde Ergänzung.

Vielleicht gehören Sie zu den Personen, die sich aus dem Bett und zu den ersten fünf oder zehn Minuten quälen müssen, bevor Sie allmählich genießen, was Sie tun. Oder aber Sie sind an einem Punkt, an dem es zum Burn-out führen würde, wenn Sie bis an die Grenze gehen, und Sie daher einfach nur eine Auszeit brauchen. Solange das Wohlergehen nicht betroffen ist, denke ich tatsächlich, dass es sich mehr Unternehmer gestatten sollten, aufzuwachen und zu sagen: „Hey, heute werde ich mir Cartoons reinziehen."

Szenario 23 – Anschlussfrage:

„Und an welchem Punkt wird aus einer Auszeit Faulheit?"

Von den etwa 250 Tagen, die ich pro Jahr arbeite (Wochenenden ausgenommen), denke ich wohl an 7 bis 23 Tagen: *Zum Teufel damit!*

Dafür kann es eine Reihe von Gründen geben. Gelegentlich kommt es vor, dass ich mich einer regelrechten Serie von vier, fünf oder sechs enttäuschenden Ereignissen gegenübersehe. Einen Treffer kann ich gut wegstecken, aber wenn man mich wie „Buster" Douglas in seinen besten Jahren malträtiert, gehe ich zu Boden. Das ist schon vorgekommen.

An solchen Tagen kommen Dankbarkeit, Demut, Hartnäckigkeit und Optimismus zum Einsatz. Mit Dankbarkeit kann man jedes geschäftliche Problem ins rechte Licht rücken: Ist meine Familie gesund? Dann habe ich schon gewonnen. Demut versöhnt mich mit meiner Position in der Welt. Ich muss bescheiden genug sein, um die Treffer einzustecken. Und ich stehe mitnichten über diesen Dingen. Dankbarkeit und Demut verleihen mir die richtige Geisteshaltung, um Stress aufzufangen, während ich durch Hartnäckigkeit und Optimismus in die Offensive gehen und das Problem bei den Hörnern packen kann. Zudem nehme ich mir die Wochenenden frei und während des Urlaubs bin ich völlig untergetaucht. Diese Zeit des Abgekoppeltseins trägt dazu bei, ein gesundes Gleichgewicht herzustellen.

Sie haben stets die Möglichkeit, trotzdem arbeiten zu gehen, auch wenn Ihnen das Interesse fehlt. Vergessen Sie aber nicht, dass es nicht um die Stunden geht, die Sie einbringen, sondern vielmehr darum, was Sie in diesen Stunden bewegen.

Nehmen wir einmal an, Sie mussten im Privaten etwas Trauriges verkraften: Bei Ihrer Großmutter wurde eine unheilbare Krankheit festgestellt. Sie wollten eine Auszeit nehmen, sind aber – trotz Ihres seelischen Schmerzes – eisern zur Arbeit gegangen. Hier riskieren Sie es, Ihren eigenen Schmerz auf Ihre Teammitglieder abzuladen. Vielleicht sind Sie an dem Tag wütend, frustriert oder passiv-aggressiv, wodurch Sie am Ende Probleme mit Ihrer Belegschaft verursachen könnten. Was, wenn Sie ausrasten und einen Kollegen anschreien, weil er eine Nachricht schlecht kommunizierte? Was, wenn ein Mitarbeiter mit Ihnen über etwas Persönliches reden wollte, Sie ihm aber nicht das Gefühl vermittelten, gehört zu werden, weil Sie mit Ihren Problemen beschäftigt waren?

Komme, was da wolle, in so einem Fall versuche ich, nett zu mir selbst zu sein, damit ich eine starke Führungskraft sein kann. Wenn das heißt, dass ich mir freinehme, gut. Wenn das heißt, dass ich bei der Arbeit nach Schema F vorgehe und Zeit verplempere, auch gut. Ich würde nicht über mich urteilen. In meinen Augen ist es das Wichtigste, an diesem Tag allen gegenüber freundlich zu sein, mit denen ich interagiere, seien es meine Händler, Kunden und am wichtigsten meine Mitarbeiter.

Die Geheimwaffe ist Geduld; sie trägt dazu bei, die Ambition im Gleichgewicht zu halten. Ihre Ambitionen sollten Sie nicht dazu verleiten, tagtäglich Ihre Leistung über jedes Maß hinaus zu analysieren. Sich auf Ihren Weg binnen zwölf Monaten – oder auch binnen fünf oder zehn Jahren – zu konzentrieren, ist wertvoller, als sich darüber den Kopf zu zerbrechen, dass man gelegentlich an ein paar Tagen gefaulenzt hat. Vielleicht hatten Sie einen erfolglosen Tag. Oder einen erfolglosen Monat. Oder vielleicht ist etwas Niederschmetterndes geschehen, das Ihr ganzes Jahr völlig aus den Fugen geraten ließ. Der entscheidende Punkt ist, zunächst einmal sich selbst gegenüber freundlich und geduldig zu sein und sich klar zu machen, wie viel Zeit einem selbst noch bleibt.

Wenn ein Familienmitglied die Diagnose einer Erkrankung erhielt und Sie deshalb freinehmen müssen, dann ist das richtig und nichts, weswegen Sie sich schuldig fühlen müssten. Wenn Sie an einem Dienstagmorgen aufwachen und entscheiden, dass Sie nicht zur Arbeit fahren, weil der Tag so herrlich ist und Sie ihn gern am Strand verbringen würden, dann verurteilen Sie sich auch dafür nicht.

Sollten Sie allerdings feststellen, dass Sie immerzu freinehmen wollen, dann sollten Sie anhand Ihres Selbstbewusstseins überlegen, ob es Ihnen immer noch Freude bereitet, Ihr Unternehmen zu lenken. Aber bitte überschätzen Sie nicht Ihre Leistung an einzelnen Tagen. Schließlich ist die gesamte Reise ein sehr viel genaueres Abbild Ihres Ziels.

Szenario 24:

Nehmen wir an, Sie besitzen ein kleines Unternehmen, das Sie ausbauen. Im Zuge dessen suchen Sie nach einer Assistentin, die die Terminverwaltung übernimmt. Sie haben bereits fünf Assistentinnen verschlissen, die entweder kündigten oder aufgrund schlechter Leistungen ein paar Monate später gekündigt wurden. Durch die mangelnde Kontinuität läuft der Ausbau langsamer als von Ihnen geplant.

Mir fällt auf, dass ich weit besessener von Verantwortung bin als gedacht.

Ich bin derjenige, der die Assistentinnen einstellt, daher wäre mein Ausgangspunkt das Verständnis, dass das alles meine Schuld ist. Meinen Mitarbeitern vorzuwerfen oder sie dafür zu verurteilen, dass Sie keine guten Leistungen erbringen oder nicht dabeibleiben, das geht nicht. Ich muss mich eingehender mit meinem Einstellungsprozess und meiner Tätigkeit als Führungskraft beschäftigen.

Dabei ist es genauso wichtig, diese Verantwortlichkeit mit Optimismus auszubalancieren. Ich habe es mit fünf Assistentinnen versucht, aber es gibt Milliarden Menschen auf der Welt. Nur weil es fünf Mal nicht aufgegangen ist, bedeutet das nicht, dass es niemals funktionieren wird oder dass ich nicht fähig bin, meine Prozesse zu verbessern.

Nichtsdestotrotz muss ich, wenn fünf Assistentinnen gegangen sind oder wurden, meine eigenen Unzulänglichkeiten unter die Lupe nehmen. Vielleicht bin ich während der Einarbeitung nicht geduldig genug. Vielleicht muss ich etwas an meinem Kommunikationsstil ändern. Vielleicht muss ich beim Vorstellungsgespräch offener sein, damit sie von vornherein wissen, was auf sie zukommt. Die Reaktionen der Bewerber könnten mir helfen, Neueinstellungen besser zu beurteilen.

Bei der Einstellung meiner sechsten Assistentin würde ich in den Gesprächen Demut zeigen und über meine Schwachpunkte als Manager sprechen, vielleicht sogar ein paar Horrorstorys von den letzten fünf Versuchen zum Besten geben. Ich könnte offen und ehrlich meine Sicht zu den Gründen des Scheiterns darlegen. Die Demut würde es mir erlauben, sehr viel intensivere, ergiebigere und kontextbezogenere Gespräche zu führen, die mich wiederum dabei unterstützen würden, die am besten geeignete Person auszusuchen.

Wenn man in diesem Szenario die Faktoren Verantwortung und Demut berücksichtigt, können es Ihnen die Niederlagen am Ende ermöglichen, einen viel größeren Sieg einzufahren. Haben Sie sich selbst, Ihre Schwächen und die Möglichkeiten für eine Verbesserung des Einstellungsverfahrens unter die Lupe genommen, können Sie sich dem Optimismus zuwenden. Wegen der Lehren aus den vorherigen Erfahrungen würde ich optimistisch davon ausgehen, dass meine nächste Assistentin sechs Jahre und nicht nur fünf Monate bei mir bleibt.

Szenario 25:

Sie versuchen, sich bei den Führungskräften des Unternehmens, in dem Sie arbeiten, einen guten Ruf aufzubauen, um bei Beförderungen berücksichtigt zu werden und aufzusteigen. In den vergangenen Wochen jedoch

ist Ihnen Ihr Kollege Rick öfter auf den Schlips getreten und hat versucht, Ihre Arbeit für Sie zu erledigen – ob ihm das nun so bewusst war oder nicht. Sie haben das Gefühl, als würde er unterbewusst versuchen, Ihren Job zu übernehmen. Sie sind frustriert und der Meinung, dass seine Handlungen Ihre berufliche Entwicklung einschränken werden und Ihnen die Chance verbauen, von Ihrem Manager wahrgenommen zu werden. Was würden Sie tun?

Menschen ziehen gern allzu schnell voreilige Schlüsse – im Beruf wie im Privaten.

Ein Beispiel: Viele Leute gehen davon aus, nur weil jemand ein Unternehmen besitzt, hätte es derjenige echt drauf. Sie sehen das tolle Haus von Bob, dem Unternehmer, seinen Mercedes-Benz und sein Unternehmen mit 13 Angestellten und Sie schlussfolgern, dass es gut für ihn läuft. Sie sehen nicht, dass er mit seinen Raten für den Autokredit im Rückstand ist, dass sich der Umsatz rückläufig entwickelt und er sich die Hypothekenzahlungen gerade noch leisten kann. Denn diese Seite postet Bob nicht auf Instagram.

In einer Welt, in der niemand von uns wirklich weiß, was im Leben des anderen vor sich geht, gibt es wenig Empathie. Möglich, dass sich Bobs Mitarbeiter über ihn ärgern, weil er keine Gehaltserhöhungen gewährt, ohne zu wissen, dass er seine eigenen Ersparnisse ins Unternehmen einbringt, um es am Laufen zu halten.

Das Team könnte sagen: „Zur Hölle mit Bob. Er fährt einen Mercedes."

Die Realität ist jedoch, dass Bob kurz davor steht, seinen Mercedes zu verlieren.

Ich will damit nicht sagen, dass Sie Bobs Wohlergehen über Ihr eigenes stellen müssen. Ich will damit aber wohl sagen, dass das Herangehen an Entscheidungen mit Empathie anstatt mit Groll alles verändert. Sie kennen nicht alle Umstände im Leben Ihrer Kollegen, weshalb ihnen also mit Negativität begegnen?

Wenn wir uns noch einmal das Ursprungsszenario ansehen, ist man versucht anzunehmen, dass Rick finstere Absichten hegt. Wenn Sie es aber durch die Brille der Empathie betrachten, wird Ihnen bewusst, dass Rick sein Bestes gibt, genau wie Sie. Er will seinen Ambitionen, seiner Familie und dem gerecht werden, was er in seinen Augen für den eigenen Erfolg unternehmen muss. Wie können Sie sich aufregen, weil jemand auf seine Ziele hinarbeitet?

(Entschuldigen Sie, dass ich abschweife, aber ich füge das hier jetzt ein, weil ich gerade daran denken musste: Ich finde es irre, wenn Chefs wütend werden, weil Mitarbeiter um eine Gehaltserhöhung bitten. Ich kenne sehr viele solcher Chefs. Ihre Mitarbeiter *sollen* um Gehaltserhöhungen bitten! Immerhin wollen sie sich und ihre Familien ernähren. Sie können immer noch „Nein“ sagen, wenn Sie das für die richtige Antwort halten.)

Eine wesentliche Rolle übernimmt hier neben der Empathie das Selbstbewusstsein. Vielleicht ist es tatsächlich so, dass Rick die Grenzen böswillig überschreitet. Aber vielleicht sind Sie nachlässig und Rick versucht nur, Sie zu decken. Möglicherweise sind Ihre Ambitionen ganz und gar egoistisch. Oder er hat freie Kapazitäten und versucht, die Zeit bestmöglich zu nutzen.

Wenn Sie unsicher und misstrauisch sind, malen Sie sich aus, dass Rick Sie zu vernichten versucht. Sind Sie jedoch selbstbewusst und empathisch, erkennen Sie, dass er sein Bestes zu geben versucht, und Sie können sich mit ihm unterhalten, anstatt sich auf die Hinterbeine zu stellen.

Szenario 25 – Anschlussfrage:

„Wie würde sich Ihr Gespräch mit Rick anhören? Was würden Sie sagen?“

Eine auf einer Mischung aus Empathie, Verantwortung, Selbstbewusstsein und etwas Neugier basierende Kommunikation würde wunderbar in diesem Szenario funktionieren:

Ich weiß Ihre Zuverlässigkeit, Überzeugung und Ambition zu schätzen, aber damit behindern Sie mich etwas. Können wir das irgendwie lösen? Ist Ihr Pensum groß genug? Gefällt Ihnen Ihre Arbeit? Möchten Sie mehr von dem übernehmen, was ich mache? Gibt es etwas, worin ich mich verbessern könnte?

Ich könnte mir nach diesem Gespräch und feststellen, dass es für mich eine Gelegenheit wäre, an aufregenderen Projekten zu arbeiten, da Rick einen Teil meines Arbeitspensums übernehmen kann. Vielleicht muss ich aber auch die Verantwortung übernehmen und meine eigene Leistung verbessern. Ich könnte mich mit meinem Vorgesetzten oder mit der Personalabteilung unterhalten, sollte ich immer noch der Ansicht sein, dass er den Bogen überspannt.

Viele Angestellte gehen in diesem Szenario davon aus, dass ihre Vorgesetzten nicht registrieren, was vor sich geht. Bei VaynerMedia sind schon Mitarbeiter zu mir ins Büro gekommen, um sich über einen Kollegen oder eine Kollegin zu beschweren, die die Grenzen nicht achtete, und waren dann ganz überrascht, als ich ihnen zustimmte, dass der- oder diejenigen falsche Absichten hegt. Als Manager halte ich meine Augen ebenfalls offen.

Szenario 26:

Sie bauen sich mit ein paar Mitarbeitern ein neues Unternehmen auf. Über die Jahre haben sie sich mit Ihnen angefreundet, ihnen gefällt Ihre Persönlichkeit, Ihr Willen und Ihre Vorstellung von dem, was Sie in der Branche zu erreichen versuchen. Als Sie neue Mitarbeiter einstellen, zeigen die sich überrascht davon, dass das ältere Team so viel in die Beziehung zu Ihnen investiert. Ihnen fällt auf, dass sich das neue Team hinter ihrem Rücken über die Mitglieder des Ursprungsteams lustig macht und behauptet, sie wären „einer Gehirnwäsche unterzogen worden“ und würden

„alles schlucken". Die neuen Mitarbeiter haben Talent, weshalb Sie sie gern behalten würden, aber darunter soll nicht die Unternehmenskultur leiden. Was würden Sie tun?

Viele Unternehmen schaffen für ihre Mitarbeiter eine schlechte Arbeitsumgebung. Unglücklicherweise gibt es zahlreiche CEOs, Manager und Führungskräfte, die die in diesem Buch vorgestellten zwölfeinhalb Eigenschaften (oder ihre eigenen) nicht nutzen. Aus der eigenen Unsicherheit heraus und unbeabsichtigt schüren sie am Arbeitsplatz Intrigen und Angst, sodass Mitarbeiter als Schutzmaßnahme zu Misstrauen greifen, wenn sie in ein neues Unternehmen eintreten.

Menschen fürchten die Enttäuschung. Man mag einem Manager nicht vertrauen oder das Unternehmen mögen, nur um später enttäuscht zu werden. Das kann ich nachfühlen.

Wenn Mitarbeiter zu VaynerMedia kommen und sehen, wie eng meine Beziehungen zu denen sind, die schon seit acht, zehn oder mehr Jahren dabei sind, berührt mich das sehr. Wenn neue Arbeitskräfte denken – was äußerst selten vorkommt –, dass die langjährig Beschäftigten einer Gehirnwäsche unterzogen wurden, werde ich nicht sauer. Vielmehr fühle ich mich geschmeichelt. Wenn das alle Jubeljahre mal in meinem Unternehmen vorkommt und ich es bemerke, macht mich das bescheiden.

Ob Sie es glauben oder nicht, aber eine der potentesten Eigenschaften, die ich einsetzen würde, wäre Geduld. Wenn meine bisherigen Beschäftigten die Firma und das Umfeld wirklich lieben, dann dürften es die neuen auch irgendwann tun. Misstrauisch sind sie, weil sie noch nicht alle Zusammenhänge kennen.

Ob es sieben Monate dauert oder zwei Jahre, sie werden schon erfahren, dass niemand „alles schlucken" muss. Außer Wasser. Das ist gesund für alle, auch für Neuankömmlinge.

Szenario 26 – Anschlussfrage:

„Aber das neue Team zieht die anderen auf, weil sie sich manipulieren lassen. Schädigt das nicht die Unternehmenskultur? Wie würden Sie damit umgehen?“

Dieses Buch zu schreiben macht mir Spaß, weil ich den Unterschied zwischen meinen heutigen Reaktionen auf die Szenarien und meinen Reaktionen vor Jahren erkenne. Heute verfüge ich in meinem Repertoire auch über freundliche Offenheit.

Anstatt alles seinen Gang gehen zu lassen, kann ich Einzelgespräche arrangieren, um dem neuen Team beim Übergang zu helfen. Ich würde mich mit jeder einzelnen Person treffen und sagen:

Ich verstehe vollkommen Ihren Punkt. Ich arbeite seit Jahren mit den anderen Jungs und Mädels zusammen. Sie kennen mich, ich kenne sie. Ich habe Sie eingestellt, damit Sie in ein paar Jahren dieselbe Einstellung zu dieser Arbeitsumgebung haben wie sie. Und bis dahin ist es mein Job, Ihnen zu zeigen, weshalb es hier so etwas wie „alles schlucken“ nicht gibt. Wasser gibt es hier allerdings, und es ist lecker und gut für Sie. Das ist meine Aufgabe, nicht Ihre. Wenn Sie noch kein Vertrauen in mich oder dieses Unternehmen haben, kann ich das durchaus respektieren. Aber ich möchte Sie bitten, nett zu den anderen zu sein.

Ich leite VaynerMedia und habe eine Eigenmarke aufgebaut, das heißt ich muss mir im wahren Leben darüber den Kopf zerbrechen. Wenn eine neue Mitarbeiterin den Luxus eines großartigen Elternhauses genossen hat oder grundsätzlich optimistisch eingestellt ist, fällt es ihr leichter, Vertrauen zu fassen. Solche Mitarbeiter lassen sich sofort auf meine Botschaft und die Kultur bei VaynerMedia ein. Andere, die von ihrer Mutter, ihrem Vater, der Gesellschaft oder früheren Unternehmen enttäuscht wurden oder die aufgrund ihrer Kindheit zu Pessimisten wurden, neigen dazu, sich instinktiv gegen mich und meine Persönlichkeit zu stemmen. Beim Anblick meiner

Energie und meines Optimismus denken sie: *Er wird mich schwer enttäuschen.*

Darauf antworte ich immer mit Empathie. Wenn Sie als CEO wirklich gute Absichten hegen – wenn Sie also diese zwölfeinhalb Zutaten nutzen –, werden anfänglich misstrauische Beschäftigte ihre Meinung ändern. Es ist unfassbar bereichernd, sich das Vertrauen von Menschen zu verdienen, unabhängig davon, wie viel man sonst erreicht hat.

Szenario 27:

Sie haben zwei Mitarbeiter, Jim und John. Jim kommuniziert sein Feedback sehr direkt, was John missfällt. John meint, Jim würde stets einen unverschämten Ton anschlagen, während Jim der Ansicht ist, für John müsse man jede noch so kleine Kritik schönfärben. Jim wurde so erzogen, dass es entgegenkommender ist, Kritik prompt und klar zu äußern. Angenommen Sie wären ihr Vorgesetzter, was würden Sie tun?

Viele Führungskräfte regen sich in solch einer Situation auf, weil es ihnen an Geduld mangelt. Genau die wäre allerdings in diesem Szenario vonnöten, da es Zeit braucht, Meinungsverschiedenheiten zwischen zwei Menschen beizulegen. Das lässt sich möglicherweise nicht in einer einzigen Besprechung auflösen.

Bevor ich mich mit Jim und John treffe, würde ich sämtliche möglichen Entscheidungen durchdenken. Vielleicht könnte ich die beiden trennen und verschiedenen Projekten zuweisen. Wenn nun ganz klar einer von beiden das Problem verursacht und sein Verhalten, selbst nachdem er Feedback erhalten hat, nicht ändert, könnte ich erwägen, ihn zu kündigen. Dennoch wäre ich optimistisch, dass sich einfach nur ihre Sichtweise unterscheidet, keine böse Absicht dahintersteckt und man die Angelegenheit ausräumen könnte.

An die Besprechung würde ich somit mit Optimismus, Überzeugung und einem Unterton von freundlicher Offenheit herangehen:

Also, John und Jim: Das ist nur eine Momentaufnahme. Selbst wenn ihr beide in jeder einzelnen Unterhaltung in der Vergangenheit Probleme hattet, sind wir dabei, das zu lösen. Da wir uns jetzt darüber unterhalten, dürften eure Unstimmigkeiten nicht ewig dauern. Das will nicht heißen, dass nach diesem Gespräch alles perfekt sein wird. Ihr könntet durchaus noch Probleme haben. Aber wenn das nur noch in drei von 33 Fällen vorkommt, anstatt in drei von dreien, haben wir schon gewonnen. Ich weiß, dass ihr keinen guten Start hattet, aber das dürfte sich ändern.

Denken Sie darüber nach, wie Manager im Normalfall in so einer Situation reagieren würden. Ziehe ich die Nachrichten und E-Mails in Betracht, die ich aus meiner Community bekomme, möchte ich behaupten, viele würden sagen: „Sie beide müssen eine Lösung finden, sonst muss ich einen von Ihnen entlassen."

Das ist im Geschäftsleben üblich, und ich wundere mich, dass man das als die richtige Antwort hinnehmen kann. Denn sie beruht tatsächlich auf kurzfristigem Denken, Ungeduld und mangelnder Güte. Warum muss man so kaltherzig sein? Wieso können Manager ihren Beschäftigten nicht 20 Minuten lang ein wenig Liebe schenken? Wieso können Manager kein Gefühl von Sicherheit anstelle von Furcht hervorrufen?

Nehmen wir an, der Vorgesetzte sagt den beiden, John und Jim müssten selbst eine Lösung finden, sonst würde einer gefeuert werden. Das Problem kann sich nur verschärfen. Jim könnte nun anfangen, sich zu überlegen, wie er John ausbremsen kann. John könnte sich schützen, indem er hinter Jims Rücken seinen Ruf schädigt. Und sie würden beide minderwertigere Leistungen erbringen, weil sie gestresster sind.

Stellen Sie sich nur mal vor, wie effektiv sie sein würden, hätte ihnen der Manager etwas mehr Sicherheit vermittelt. Anstatt sich durch Bürointrigen zu kämpfen, könnten sie sich auf ihre eigentlichen Jobs konzentrieren.

Vergessen Sie nicht, das hier ist kein Therapie-, sondern ein Wirtschaftsbuch. Die hier vorgestellten zwölfeinhalb Zutaten in verschiedenen Kombinationen anzuwenden, kann Sie beim Aufbau eines emotional effizienteren Teams und infolgedessen eines profitableren Unternehmens unterstützen.

Szenario 28:

Sie haben einen großen Kunden an Land gezogen, der einen beträchtlichen Prozentsatz zum Unternehmensumsatz beitragen wird. Mit diesem Kunden verbindet Sie ein persönliches Verhältnis, die Beschäftigten dort vertrauen Ihnen und für Sie hat es oberste Priorität, dass alles hervorragend läuft. Also setzen Sie Ihr bestes Team darauf an. Susan, ein Teammitglied, hat jedoch einen moralischen Einwand gegen die Zusammenarbeit mit dem Unternehmen und teilt Ihnen mit, dass Sie aus dem Projekt aussteigen möchte. Was würden Sie tun?

Tatsächlich habe ich das schon vier- oder fünfmal erlebt, während ich VaynerMedia aufgebaut habe. Und es ist jedes Mal eine heikle Geschichte.

Also als Erstes: Empathie. Ich würde mich Folgendes fragen: „Würde ich je die Gelegenheit ablehnen, mit einem Kunden zusammenzuarbeiten, wegen der Branche, in der er tätig ist, oder der Produkte, die er verkauft?“ Wenn die Antwort „Ja“ lautet, dann muss ich Mitgefühl mit meinen Mitarbeitern zeigen, die es aus religiösen, sozialen oder politischen Überzeugungen heraus genauso sehen.

In der Vergangenheit habe ich selbst meine subjektive Meinung dazu geäußert, mit wem wir zusammenarbeiten. Wir hatten einige große Kunden, die ich weitervermittelt habe, weil ich nicht von ihren Produkten oder Dienstleistungen überzeugt war. Folglich kann ich kein Heuchler sein, wenn ein Mitarbeiter dasselbe tun möchte.

Wenn nicht – wenn Sie also blindlings denken: *Geld stinkt nicht*, und Sie würden mit jedem arbeiten – haben Sie in diesem Szenario einen leichten Stand. Aber seien Sie nicht verlogen.

Kam diese Situation bei VaynerMedia auf, dann setzte ich mich mit der Person zusammen, die den Einwand hatte, und führte ein fruchtbares Gespräch, in dem ich herauszufinden versuchte, weshalb sie diese Meinung vertrat. Ich bin wirklich neugierig, was diese Menschen dazu bewegt, aus dem Projekt aussteigen zu wollen.

Als Führungspersönlichkeit müssen Sie herausfinden, ob es nicht eine andere, tiefere Ursache dafür gibt, dass Susan das nicht machen will. Ist ihr moralischer Einwand ein Täuschungsmanöver? Ist sie in Wirklichkeit müde oder ausgebrannt? Denkt sie sich eine Ausrede aus? Oder stehen ein legitimer Anlass und gute Absichten dahinter?

Setzen Sie sich mit Susan zu einem Gespräch unter vier Augen zusammen und erkundigen Sie sich: „Hey, erzähl mir mehr. Sag mir, warum du nicht an dem Projekt arbeiten kannst. Ich will es verstehen."

So stünden Sie an einem Scheideweg. Entweder Susan bringt in dem Gespräch ein überzeugendes Argument auf den Tisch oder nicht. Nimmt das Gespräch eine interessante Wendung, können Sie sich die Zeit nehmen, ihre eigene Einstellung zu dem Thema zu ergründen.

Die andere Möglichkeit ist, dass Susan ein schwaches Argument vorbringt, und auch keine guten Antworten parat hat, wenn Sie etwas nachbohren. Möglich, dass sie eine einzige Schlagzeile auf Twitter gelesen und schnell ein nicht sehr wohl durchdachtes Urteil getroffen hat. Vielleicht hat sie in Wirklichkeit einfach keine Kapazität mehr und sie überspielt es. Oder sie fühlt sich nicht souverän genug, um das Projekt in Angriff zu nehmen.

In dem Fall ist eine andere Entscheidung zu treffen: Bauen Sie Susan auf? Geben Sie ihr noch eine Chance und lassen ihr dieses Mal ihren Willen? Gibt es ein größeres Problem, um das Sie sich kümmern müssen? Wir reden hier von der beruflichen Entwicklung eines Menschen, und Sie bezahlen das Gehalt. Welchen Schritt sollten Sie als Nächstes unternehmen?

Spinnen wir das noch ein bisschen weiter: Nehmen wir an, Susan hatte keinen überzeugenden Grund, aber Sie haben sich entschieden, es ihr durchgehen zu lassen und sie bei diesem speziellen Projekt durch Sarah zu ersetzen. Alles läuft gut, aber eines Tages schnappen Sie auf, wie Susan am Wasserspender steht und sagt, Sarah sei ein furchtbarer Mensch, weil sie mit diesem Kunden arbeitet. Was machen Sie jetzt?

In jungen Jahren hätte ich in dieser Situation entweder die Verantwortung übernommen und Susan gefeuert oder aber ich wäre wahnsinnig optimistisch gewesen, dass es schon vorübergeht. Denn sie hatte die Arbeit an einem Projekt ohne überzeugenden Grund verweigert, ich hatte ihr den Willen gelassen und trotzdem besudelt sie die Unternehmenskultur und versucht, Sarah auszuhebeln. Das ist schlicht untragbar. Würde ich heute mit dieser Situation konfrontiert, würde ich in einem Einzelgespräch zunächst zu freundlicher Offenheit greifen:

Susan, schön Sie zu sehen. Hören Sie, ich will ehrlich sein. Leider haben Sie mir keinen überzeugenden Grund geliefert, warum dieses Kundenprojekt gegen Ihre persönlichen Überzeugungen spricht. Ich verstehe, dass Sie die Marke nicht mögen, denke aber, dass Sie das Projekt trotzdem in der einen oder anderen Funktion hätten unterstützen können. Nachdem ich Ihrem Wunsch nachgekommen bin und Sie durch Sarah ersetzt habe, ist mir aufgefallen, dass Sie dennoch unsere Kultur beschädigen. Sie vergiften den Brunnen und überschlagen sich förmlich, dem Team zu sagen, dass Sarah nicht sozial sei, was ihr ein ungutes Gefühl gibt. Das ist ein Problem und ich würde gern wissen, was wir dagegen tun können.

Anstatt sie direkt zu feuern oder es überhaupt nicht anzusprechen, würde ich Susan zunächst deutlich erklären, dass mir ihr negatives Verhalten aufgefallen ist. Und ich würde ihr die Möglichkeit geben, das zu ändern. Sollte sie weitermachen, würde ich sie vermutlich ziehen lassen.

Ich würde ihren Standpunkt verstehen, weil sie diesen Kunden so entschieden ablehnt. Unglücklicherweise tue ich das in diesem Szenario nicht, was uns in eine heikle Lage katapultiert. An diesem Punkt müsste ich die Optionen jedoch einschränken. Trifft sie die Entscheidung, nicht mehr Teil des Unternehmens sein zu wollen, muss sie gehen. Wenn sie aber bleibt, muss sie zumindest gemäß unserer Vereinbarung die Unternehmenskultur achten.

Szenario 28 – Anschlussfrage:

„Und wenn Susan im ersten Gespräch doch einen überzeugenden Grund hatte, weshalb sie nicht an dem Kundenprojekt arbeiten wollte?“

Dann ist alles in Ordnung.

In jedem Austausch versuche ich zunächst zu verstehen, welche Absichten das Gegenüber hat. Sollte ich der Ansicht sein, dass Susan überaus bedacht und wohlmeinend vorgeht, ist alles bestens. Auf ewig. Deshalb reagiere ich heftig, wenn ich das Gefühl habe, dass Menschen aus böser Absicht handeln.

Gleichzeitig ist mir bewusst, dass ich nicht alle Zusammenhänge kenne. Und aus diesem Grund sind Verantwortung und freundliche Offenheit sowohl für den CEO als auch für die Beschäftigten von entscheidender Bedeutung. Als CEO liegt es in meiner Verantwortung, ein Umfeld zu schaffen, in dem sich Susan sicher genug fühlt, um mir ihre ehrlichen Gefühle, Gedanken oder Unsicherheiten zu offenbaren. Zugleich muss auch Susan Verantwortung als Mitarbeiterin übernehmen und mit freundlicher Offenheit kommunizieren, sollte sie das Gefühl haben, das sich das Unternehmen ihr gegenüber nicht anständig verhält.

Ihr Job ist nur ein Teil Ihres Lebens. Wenn Sie dort nicht freundliche Offenheit walten lassen, vermeiden Sie das auch in anderen

Bereichen? Könnte Ihre Ehe davon profitieren? Was ist mit der Beziehung zu Ihren Kindern, Ihren Nachbarn, Ihren Freunden oder gar mit Ihnen selbst?

Abschließend möchte ich Folgendes sagen: Es ist in der Realität schon mehrmals vorgekommen, dass ich mich gegen die Zusammenarbeit mit einem Kunden entschieden habe, und es ist schon mehrmals vorgekommen, dass das Feedback von Angestellten die treibende Kraft hinter der Absage war.

Szenario 29:

Sie sind 23 Jahre alt und haben gerade die Kunsthochschule nach vier Jahren abgeschlossen. Coronabedingte Lockdowns sind verhängt, Unternehmen haben zu kämpfen und Sie finden keinen Job. Also fangen Sie als Fahrer bei Uber und Lyft an und halten derweil die Augen nach einer Gelegenheit offen. Nach einem Tag ohne viele Fahrten gehen Sie auf Twitter und Ihnen fallen Leute ins Auge, die über diese NFTs sprechen. Nachdem Sie sich zwei Tage lang insgesamt fünf Stunden in den sozialen Medien eingelesen haben, wird Ihnen klar: „Heilige Scheiße, das kann ich auch!“ Was würden Sie als Nächstes tun?

Einer der erfreulichsten Aspekte in Sachen Innovation ist, dass sie Menschen gelegentlich neue Möglichkeiten eröffnet, die ihnen in der Vergangenheit nicht zur Verfügung standen.

So haben die sozialen Medien Influencern beispielsweise enorme Chancen eröffnet. Bitte lesen Sie den *New York Times*-Bestseller *Hau rein! Erfüll Dir Deinen Traum und werde Unternehmer. Facebook & Co machen's für jeden möglich.* Vor zwölf Jahren habe ich darüber bereits gesprochen. Heute können Menschen als Stretching-Experte 120.000 US-Dollar oder als Koch im Internet 90.000 US-Dollar im Jahr verdienen.

Der sogenannte Long Tail (also der lange Schwanz der Umsatzverteilung auf Nischenprodukte) war nicht vorherzusehen, ebenso wenig wie das Geld, das mit der eigenen Expertise zu verdienen war. Aus der eigenen Leidenschaft Kapital schlagen. Genauso ist es gekommen.

Bei diesem Szenario werde ich im Grunde überall *Hau rein!* drauf schreiben. NFTs werden für Künstler das werden, was Social Media für Menschen mit Persönlichkeiten gewesen ist.

Im Normalfall würden sich Künstler überlegen, einen Job in der Werbebranche, in Hollywood oder in einem anderen „kreativen" Betätigungsfeld zu suchen. Die Wahrheit ist jedoch, dass sie ihre Kreativität aufs Spiel setzen müssen, wenn sie diese Jobs annehmen. Denn bei der Arbeit erschaffen sie nicht das, was sie erschaffen wollen. Auch nicht bei VaynerMedia.

Diese Personen müssen sich wieder die Ambitionen ihrer Jugend erschließen. Sie müssen sich in die Gedankenwelt ihres 13-jährigen Ichs hineinversetzen, das sagte: „Eines Tages werde ich Banksy sein", der wiederum mit 18 Jahren davon träumte, Michelangelo zu sein. Nutzen Sie diese Ambition.

Mein Rat für diesen Künstler? Das ist Ihr Moment. Jetzt ist genau der richtige Zeitpunkt, um hartnäckig zu sein, nicht nur was Ihre Leistung angeht, sondern auch in puncto Netzwerken. Unterschätzen Sie nicht die Macht der Demut. Als Persönlichkeiten versuchten, in den sozialen Medien zu Influencern zu werden, träumten sie davon, Millionen zu machen. Viele waren jedoch nicht so bescheiden, erst einmal 88.000 US-Dollar im Jahr zu verdienen und sich irre darüber zu freuen, dass sie es überhaupt zu Social-Media-Influencern geschafft hatten.

Dasselbe wird auch mit Künstlern passieren. Würden Sie lieber eine Führungskraft sein, die 110.000 US-Dollar verdient und die Arbeitstage von Montag bis Freitag hasst? Oder verdienten Sie lieber 59.000 US-Dollar pro Jahr als hauptberuflicher Künstler? Besitzen Sie die Hartnäckigkeit, um Ihre Kunst zu kämpfen, wenn Sie in ein paar Wochen 30 Jahre alt werden und noch immer in einer WG wohnen? Oder würden Sie einen Kompromiss eingehen und sich einen verhassten Job als Logo-Designer bei einem renommierten Markenunternehmen suchen?

Ich kenne Abermillionen Künstler, die von NFTs profitieren werden. Es ist die Wahlwirtschaft: Ihnen stehen heute neue Möglichkeiten zur Monetarisierung Ihrer Leidenschaft zur Verfügung.

Die Anzahl der Menschen, die vor dem Aufkommen von NFTs als Künstler 219.000 US-Dollar pro Jahr verdienen konnten, ist nur ein Bruchteil derer, die 2031 die Chance dazu haben werden. Kreative in Werbefirmen oder am Broadway, die jetzt 110.000 US-Dollar im Jahr bekommen, um ohne Leidenschaft zu arbeiten, könnten womöglich dasselbe Einkommen generieren und dabei ihre Träume erfüllen. Oder sie verdienten nur 59.000 US-Dollar und wären trotzdem sehr viel glücklicher.

Die Technologie steht kurz davor, eine Möglichkeit zu schaffen, die es in der Geschichte der Menschheit noch nicht gegeben hat. Ich freue mich so sehr für euch Künstler unter den Lesern und Leserinnen.

Hartnäckigkeit ist hier die wichtigste Zutat. Ich will nicht, dass jemand aufgibt, bis es schließlich so weit ist. Wenn Kunstschaffende ihr erstes NFT-Projekt erstellen und genau null Stück davon verkaufen, obwohl das Minting, also das Prägen, Geld kostet, wird mich diese Person in einer E-Mail (gary@vaynermedia.com) mit den Worten verfluchen: „Du kannst mich mal, Gary! Du hast mich dazu angeregt, aber ich habe verloren." Hier sollte die Hartnäckigkeit ins Spiel kommen.

Lieber Künstler, meine Antwort lautet:

SCHREIBEN SIE MIR KEINE MAILS, BIS IHR 49. PROJEKT GESCHEITERT IST. Denken Sie nicht mal dran. Sonst haben Sie den Sinn von Hartnäckigkeit völlig missverstanden. Sie wollen eine berufliche Existenz als Künstler aufbauen und haben nach einem Versuch aufgegeben? Damit wir uns richtig verstehen: Sie wollen Ihr Leben mit Zeichnen, Malen, Kolorationen oder Gekritzel verbringen und haben aufgegeben, weil niemand Ihrem ersten Projekt Aufmerksamkeit geschenkt hat? Hören Sie doch auf!

Ich möchte, dass jeder Künstler Geduld aufbringt und sich bewusst macht, dass man noch 60 oder 70 Jahre vor sich hat, wenn man mit 29 Jahren anfängt. Was ist – in diesem Zusammenhang – Glück? Ist Glück, ein eigenes Apartment zu besitzen? Schönere Kleidung zu haben?

Bitte planen Sie Ihre Handlungen nicht so, dass Sie die Vorstellungen Ihrer Mütter und Väter erfüllen, nur damit Sie mit 30 Jahren ein gewisses Ziel erreicht haben.

Szenario 30:

Sie sind 47 Jahre alt und haben im Büro dank einiger wirklich cleverer Ergebnisse richtig Gas gegeben. Sie sind der Marketingchef bei einem Versicherer. Vor fünf Jahren sind Sie über GaryVee gestolpert und Ihre LinkedIn-Präsenz hat sich verbessert. Gegenüber Ihrem Anfangsgehalt von 130.000 US-Dollar verdienen Sie jetzt 250.000 US-Dollar pro Jahr. Allmählich bekommen Sie sogar mehr Urlaubstage und Ihre Work-Life-Balance ist perfekt.

Aber jedes Mal, wenn Sie sich nachts hinlegen, denken Sie: *Was, wenn ich mich selbstständig mache?* Sie wissen, es gibt ein paar Leute im Unternehmen, die mit Ihnen gehen und für Sie arbeiten würden. Der Gedanke, mit zwei Partnern jeweils einen Anteil von 33 Prozent am eigenen Unternehmen zu halten, klingt sehr viel lukrativer und aufregender. Was würden Sie tun?

Das Schöne an diesem Szenario ist, dass Ihnen mehrere Möglichkeiten offenstehen. Das geht den wenigsten so, also ist der erste Schritt Dankbarkeit.

Ich wünschte, dass mehr Menschen, die sich in so einer Lage befinden, optimistisch wären. Es irritiert mich, wenn Menschen in großartigen Situationen nicht versuchen, etwas Besseres zu erreichen, wenn sie das Bedürfnis dazu haben. Die Realität ist, wenn Sie Ihren Job kündigen, sich selbstständig machen und in zwei Jahren scheitern (was oft vorkommt), kehren Sie als attraktiverer Kandidat in die Belegschaft zurück. Sie können dann nicht nur eine eindrucksvolle betriebliche Erfahrung vorweisen, sondern auch Erfahrung als Unternehmen. Das wird noch in mehreren Jahren etwas wert sein. Wenn Sie also zu Beginn gleich die Eigenschaften Dankbarkeit, Geduld und Überzeugung anwenden, können Sie auf Hartnäckigkeit setzen, um Ihren Zielen nachzujagen.

Ich halte das wirklich für eine Situation, in der man nicht verlieren kann. Wenn Sie ein gut bezahlter leitender Angestellter sind, der bescheiden genug ist, ein Leben mit geringen Ausgaben zu führen, können Sie ausreichend Geld sparen, um sich eine Auszeit von 18 bis 24 Monaten zu verschaffen. Sie können den Sprung wagen und Ihre Interessen verfolgen. Und wenn Sie feststellen, dass Sie nicht das Zeug zum Gründer oder CEO haben, können Sie sich immer noch einen besser bezahlten Job suchen.

Das Bedauern, Ihre Träume nicht verfolgt zu haben, wird in 40 Jahren schwerer wiegen als der Schmerz, Ihren Job aufzugeben und zu scheitern. Vielleicht müssen Sie etwas bescheidener leben als ohnehin schon. Vielleicht müssen Sie eine kleine Summe an Kreditkartenschulden aufnehmen, nachdem Sie stets Geld bei der Bank hatten. Was es auch ist, es wird Ihnen weniger Schmerzen bereiten, als wenn Sie mit 87 Jahren, allein, denken müssen: *Wieso habe ich kein eigenes Unternehmen gegründet?*

Wenn Sie beim Lesen dieses Szenarios das Gefühl hatten, dass es in Ihnen ganz schön zu brodeln anfängt, stellen Sie sich folgende Frage: Wenn Sie genau jetzt auf Ihr Leben zurückblicken, bereuen Sie es, einen bestimmten Jungen, ein bestimmtes Mädchen nicht um ein Date gebeten zu haben?

Die Antwort lautet bei allen „Ja“. Jetzt, wo Sie 20, 30, 40 oder 50 Jahre alt sind: Was wäre so furchtbar gewesen, wenn Sally McGee oder Tyron J. „Nein“ gesagt hätte?

Machen wir es kurz: Nichts. Genau das werden Sie im Alter fühlen. Sie werden sich fragen: „Warum habe ich es nicht gewagt?"

Bitte rufen Sie einen 90-Jährigen an, den Sie kennen. Reden Sie mit ihm oder ihr und gehen Sie diese Szenarien durch. Der größte Schmerz ist Bedauern. Nutzen Sie Ihre Überzeugung, Ambition und Hartnäckigkeit, um den Punkt in Ihrem Kopf zu überwinden, sodass Sie den gewünschten Sprung wagen können. Es könnten viele Selbstgespräche erforderlich sein, bis es so weit ist. Aber ich hoffe, der Text auf diesen Seiten hilft Ihnen dabei.

Szenario 31:

Sie sind eine Kleinunternehmerin, die ein Bankdarlehen aufgenommen hatte, um ihr Geschäft von Grund auf zu errichten. Es hat knapp ein Jahrzehnt gedauert, bis Sie das Darlehen zurückbezahlt hatten. Jetzt sind Sie schuldenfrei und das Geschäft wirft endlich genug Gewinn ab, dass Sie sich ein etwas größeres Apartment für sich und Ihre Familie leisten und Ihren Lebensstil verbessern können. Kurze Zeit später trifft eine Naturkatastrophe Ihre Stadt und zerstört Ihr Bürogebäude. Was nun?

Ich würde mir die Zeit geben zu trauern. Ich würde mich nicht fertigmachen, weil ich ein paar Tage freinehmen muss oder weil mich der Verlust trifft.

Und dann würde ich Dankbarkeit als Waffe gegen die Enttäuschung einsetzen: Ich wäre so dankbar, dass ich noch am Leben bin und es meiner Familie gut geht. Mutter Natur kann ich nicht kontrollieren und ich hätte nichts gegen die Naturkatastrophe unternehmen können. Es ist, wie es ist.

Dankbarkeit begrenzt die Zeit, die ich damit verbringen würde, über meine Lage nachzudenken. Und im Anschluss würde ich mit Überzeugung und Optimismus in die Offensive gehen. „Wenn ich ein erfolgreiches Unternehmen einmal aus dem Nichts aufbauen konnte, schaffe ich es noch einmal. Ich kann das auf jeden Fall, und ich werde es auch."

An dem Punkt würde ich Verantwortung einsetzen. In diesem Fall müsste man sich fragen: „Was kann ich jetzt unternehmen?" Sie können die Verantwortung nutzen, um die Kontrolle zu übernehmen.

Unter diesen Umständen könnte man eine Youtube-Show starten, die das Comeback zeigt. Ich könnte die Links an Journalisten aller lokalen Nachrichtensender übermitteln. Wenn sie darüber berichten, könnte es sich zu einem nationalen Nachrichtenbeitrag entwickeln, der die große Wiedereröffnung bekannter machen, zu einer GoFundMe-Spendenaktion oder zu etwas anderem führen könnte. Ich würde mich selbst verantwortlich machen, um mich dazu zu bewegen, mein Leben wieder aufzubauen.

Szenario 32:

Gern würden Sie sich zu einer leitenden Führungskraft mit mehr Verantwortung entwickeln, aber Sie kommen nicht zum Zug, wenn es um Projekte geht, die Ihre Fähigkeiten erweitern. Ein paar Teamkollegen kommen hingegen bei neuen Gelegenheiten immer an die Reihe, und Sie vermuten, dass Ihr Chef sie bevorzugt. Was würden Sie tun?

Um ein gesundes, produktives Gespräch mit meinem Vorgesetzten (und freundlicher Offenheit) zu führen, müsste ich mich gedanklich erst einmal positiv stimmen. Dazu würde ich zunächst eine Kombination aus Dankbarkeit und Optimismus anwenden. In einer Welt, in der Millionen von Menschen arbeitslos sind, habe ich einen Job. Auch wenn ich gerade eine schwierige Phase durchmache und einige Unstimmigkeiten mit meinem Boss habe, ließe ich mich bezüglich meines Ranges unter 7,7 Milliarden Menschen zum Thema allgemeines Wohlbefinden nicht beirren. Ich habe einen Job in einer Welt, in der Millionen Menschen gar keinen haben. Das heißt, ich habe eine Chance, unsere Beziehung zu verbessern.

Stellen Sie sich vor, Ihre unmittelbare Reaktion wäre das genaue Gegenteil:

„Ach, der Chef bevorzugt sie wieder mal."

„Ein gutes Talent kann er einfach nicht erkennen."

„Die Führungsriege dieses Unternehmens ist völlig ahnungslos."

Wenn Sie in ein Gespräch gehen und dabei unterstellen, dass das Gegenüber Sie unauffällig schwächt, dann ist ein negatives Ergebnis praktisch vorprogrammiert. Die emotionalen Zutaten werden sich in Ihrem Ton und Ihrer Energie widerspiegeln und die Cleveren um Sie herum dürften das intuitiv aufnehmen. Die emotional Intelligenten können Sie nicht austricksen.

Das heißt aber nicht, dass Sie nicht für sich einstehen sollen. Viel zu viele Menschen gehen jedoch in Meetings mit Mitarbeitern, Vorgesetzten und Teammitgliedern, mit denen sie uneins sind, und „kämpfen für ihr Recht", ohne wenigstens einmal vorher darüber gesprochen zu haben. Man geht an diese Unterhaltungen wie an eine Prügelei nach Schulschluss heran.

Bei VaynerMedia sind schon Mitarbeiter mit funkelnden Augen zu mir ins Büro gestürmt. Aber sobald sie mich über eine Schwierigkeit oder Herausforderung informierten, der sie sich gegenübersahen, waren sie überrascht, dass ich mich sofort auf ihre Seite schlug. Sobald sie das an mich herantragen, nimmt die Unterhaltung eine positive Wendung. Und das Funkeln verwandelt sich in Herzen.

Zwischenzeitlich überlege ich mir, wie lange sie mit der Kommunikation des Problems gewartet haben. Zaudern sie seit sieben Tagen? Sieben Wochen? Sieben Monaten? Sieben Jahren? Wie viele

Leute mögen das Unternehmen verlassen haben, ohne sich selbst oder dem Unternehmen die Chance zu geben, eine Traumsituation herzustellen?

Man gestattet dem Ärger, sich in den Köpfen festzusetzen, und wälzt sich nachts hin und her oder lässt seine Wut an den Eltern aus, wenn sie anrufen. Etwas Ungesünderes gibt es nicht.

Szenario 32 – Anschlussfrage:

„Was würden Sie sagen, wenn Sie mit dem Manager reden müssten? Würden Sie um mehr Chancen bitten?"

Bevor ich um irgendetwas bitten würde, würde ich mich mit Demut und Selbstbewusstsein der Wirklichkeit stellen. Heutzutage werden zu viele Ansprüche erhoben.

Zu mir kamen schon Beschäftigte ins Büro und schossen aus allen Rohren, forderten mit 22 Jahren – ohne Erfahrung vorweisen zu können – eine Beförderung, obwohl sie gerade mal sechs Monate im Unternehmen waren. Einige Leute wollen mehr Verantwortung bei wichtigen Projekten, auch wenn sechs der letzten sieben Kunden, mit denen sie gearbeitet haben, den Auftrag nicht erneuert haben. Ich könnte diesen Leuten weiterhin eines von sechs oder sieben Projekten übertragen, aber als Inhaber mache ich mir Sorgen. Wird sich unser Wachstum verlangsamen, wenn ich ihnen mehr Verantwortung übertrage, obwohl sie keine Resultate geliefert haben?

In diesem Szenario dienen Demut und Selbstbewusstsein als wirkungsvolle Filter. Was verlangen Sie genau? Untermauern das Ihre Ergebnisse? Oder sind Sie der Illusion verfallen, ein Unternehmen müsste sich jetzt um Sie kümmern, weil sie kurz davor stehen, zu heiraten? Haben Sie sich selbst mit einem kleinen „rope-a-dope" überlisten wollen, dass Sie eine Beförderung oder eine Gehaltserhöhung verdienen aufgrund Ihrer eigenen Lebensereignisse?

Mit Demut, Selbstbewusstsein, Dankbarkeit und Optimismus können Sie Ihrem Vorgesetzten Folgendes sagen:

Hey Manager, ich weiß, es gibt zahlreiche neue Initiativen im Unternehmen und sehr viele talentierte Leute hier. Ich wollte Sie nur auf Folgendes aufmerksam machen: Mir ist aufgefallen, dass die meisten neuen Projekte an Bob gehen. Ich werde Ihnen nicht zeigen können, wie gut ich bin, wenn Sie mir keine Möglichkeit dazu geben. Gibt es etwas, womit ich mir die Chance verdienen kann?

Szenario 33:

Sie besitzen eine eigene Firma und sind dabei, für Ihre Kunden ein neues Produktangebot aufzubauen. Der Termin für die Produkteinführung ist in den kommenden Wochen und Sie haben eine E-Mail-Aktion vorbereitet, die die Kunden informieren soll. Dass der Start gut läuft, ist für das Unternehmen von großer Bedeutung. Unglücklicherweise verschickt Sally, ein junges Teammitglied, die E-Mail-Aktion eine Woche zu früh raus und das Produkt steht überhaupt noch nicht zur Verfügung. Was würden Sie tun?

Kurz bevor Sally das Büro betritt, wahrscheinlich *„Scheiße!"* schreien.

Diese Situation ist wirklich schwierig. Ich würde behaupten, dass 99 Prozent der Vorkommnisse unwichtig sind. Die meisten Schwierigkeiten, auf die man im Geschäftsleben trifft, sind übertrieben. Aber dieses Szenario ist echt unangenehm. Für den ersten Eindruck kriegt man keine zweite Chance, und eine Produkteinführung zu vergeigen, kann für das Unternehmen sehr schädlich sein.

Als Firmeninhaber wäre ich wirklich enttäuscht. Ich würde sofort fluchen, weil ich meiner Enttäuschung Luft machen müsste, *bevor* ich mit Sally spreche.

Sie sind vielleicht eher der Typ, der nach solchen Neuigkeiten lange Joggen geht oder ein hartes Workout absolviert. Vielleicht malträtieren Sie auch einen Punchingball. Die Frustration muss jedenfalls raus, damit Sie nicht vor der Mitarbeiterin explodieren.

Dann würde ich die Lage aus dem Blickwinkel der Verantwortung betrachten. Ich stellte die Person ein, die die Person einstellte, die wiederum die Person einstellte, die Sally engagierte. Ich schuf die Rahmenbedingungen, die es ihr ermöglichten, den Fehler zu machen. Wie kann ich in eine Spirale von Schuldzuweisungen verfallen, wenn ich die Ursache bin?

Höchste Priorität hätte für mich in diesem Moment, meinem Team kritisches Feedback zukommen zu lassen. Damit sich Sally sicher fühlen kann. Vermutlich ist sie verängstigt, völlig außer Kontrolle und stellt sich vor: *Jetzt werde ich gefeuert.*

Am besten reagiert man mit einer großen Portion Empathie. Sobald sie in mein Büro kommt oder ich den Anruf starte, würde ich sie schnell mit den Worten „Alles wird gut werden" beruhigen.

Dieses Gespräch ist meine Chance, Sicherheit zu vermitteln. Wenn Sie dem jungen Teammitglied mit freundlicher Offenheit Feedback geben wollen, können Sie das später tun, wenn sich die Aufregung etwas gelegt hat. Feedback zu geben, wenn man emotional auf Angriff eingestellt ist, könnte einen unerwünschten Effekt auf das Team haben.

Zu schreien „Sie haben alles ruiniert" dürfte lediglich noch mehr Angst hervorrufen und bewirken, dass das Team verkrampft. Man wird sich gegenseitig auf die Finger schauen, andere beschuldigen und aus Angst neue Ideen zurückhalten, statt die Verantwortung zu übernehmen. Das Wachstum des Unternehmens dürfte sich verlangsamen, was letztlich ein sehr viel größeres Problem darstellen würde als eine misslungene Produkteinführung. Wenn sich Menschen sicher fühlen, gehen sie in die Offensive. Offensivität führt zu Wachstum.

Sobald für Sicherheit gesorgt ist, stellt sich die Frage: „Wie können wir das in etwas Positives umwandeln?"

Und hier kommt Dankbarkeit ins Spiel. Nach dem Abbau meiner Frustration und den geführten Gesprächen mit meinem Team hätte sich meine Einschätzung des Problems vermutlich verbessert und ich hätte erkannt, dass es nicht so schlimm ist. Vielleicht könnte ich ein witziges Video machen, in dem ich meine junge Mitarbeiterin aufziehe, und es dann an meinen E-Mail-Verteiler schicke:

Ich: *„Das ist Sally. Sie hat aus Versehen auf „Senden" geklickt. So was auch! Das tut uns echt leid, aber das Produkt ist noch nicht da. Nächste Woche hören Sie wieder von uns mit der offiziellen Ankündigung und einem speziellen Rabattcode für Sie: Sallyhatsvergeigt. Nicht verpassen! Oder, Sally?"*
Sally: *„Haha. Allerdings, Boss!"*

Es gibt immer die Möglichkeit, Limonade zu machen, wenn das Leben dir Zitronen reicht.

Szenario 34:

Über einen Zeitraum von drei Jahren verwandelten Sie und Ihr Ehemann ein Nebengeschäft, das virtuelle Malkurse vertreibt, in ein Vollzeitunternehmen. Sie beide stellten Content auf Instagram, TikTok und LinkedIn ein, und das Unternehmen wuchs rasch auf einen Jahresumsatz von 300.000 US-Dollar. Ihr Mann und Sie bringen Fähigkeiten ein, die einander ergänzen, und Sie sind jeweils mit 50 Prozent beteiligt. Allerdings ist Ihr Ehemann ganz zufrieden mit der aktuellen Größe des Unternehmens, während Sie die Ambition hegen, es auf einen siebenstelligen Umsatz und darüber hinaus zu bringen. Was würden Sie tun?

Ich beobachte so viele Menschen, die Eheprobleme und Schwierigkeiten in geschäftlichen Partnerschaften und Beziehungen haben, weil sie das Anspruchsniveau ihres Partners frustriert.

In diesem Szenario verfügt Ihr Ehemann über neue Informationen. Er will ein bisschen von seinem Geld genießen und könnte sagen: „Weißt du, ich bin ganz glücklich damit, mit einem Umsatz von 300.000 US-Dollar einen Gewinn von 180.000 US-Dollar zu erwirtschaften. Anstatt es zu reinvestieren, um auf eine Million zu kommen, möchte ich Dinge unternehmen, wie beispielsweise mit den Kindern nach Disney World zu gehen und in einem schönen Hotel zu wohnen."

Als seine Frau und Geschäftspartnerin mag es Ihnen schwerfallen, das zu hören. Insbesondere, wenn Sie an die Gespräche aus Ihren Anfangstagen denken, als Sie beide davon träumten, dieses Geschäft eines Tages auf einen Umsatz von zehn Millionen US-Dollar zu bringen.

Aber in einer Partnerschaft stehen Empathie und Demut an erster Stelle, nicht Überzeugung. Wenn Sie sich mit Ihrem Mann über ihre verschiedenen Ambitionen unterhalten, können Sie nicht aggressiv und egoistisch sein. Ist Ihnen aufgefallen, dass Eigenschaften wie Überzeugung, Hartnäckigkeit und Ambition in schwierigen Szenarien fast nie die erste Reaktion darstellen? Das liegt daran, dass man Aggression nicht sofort mit Aggression begegnen kann. Zunächst muss man sie entschärfen.

Empathie und Demut zu zeigen, ebnet Ihnen den Weg zu einer fruchtbaren Unterhaltung. Ist man empathisch und bescheiden, fällt es schwer, anderen mit negativer Energie zu begegnen. Hier also geht es darum, sich alles in Erinnerung zu rufen, was Ihr Mann für das Unternehmen getan hat, damit sie beide es auf 300.000 US-Dollar im Jahr bringen. Auch wenn Ihre Ansichten heute auseinandergehen, ohne ihn wären Sie nicht an diesen Punkt gelangt.

Es geht völlig in Ordnung, dass Ihr Mann mit dem aktuellen Umsatz zufrieden ist. Und es ist ebenfalls in Ordnung, dass Sie ihn auf eine Million steigern wollen. Sie müssen bei Ihren Zielen und Ihrem Glück keine Kompromisse eingehen. Sie müssen aber auch Ihren Ehemann nicht davon überzeugen, seine Vorstellungen zu ändern. Gemeinsam können Sie eine zweiteilige Struktur aufbauen, damit das klappt:

1. Engagieren Sie jemanden, der den Job Ihres Ehemanns übernimmt.

2. Betrachten Sie einfach das Gesamtbild dessen, worin Ihr Ehemann Sie unterstützt.

Der erste Teil ist einfach. Sie setzen sich mit Ihrem Mann hin, schlüsseln alles auf, was er für das Unternehmen getan hat, und stellen jemanden ein, damit er eine Pause einlegen kann.

Zunächst werden Sie sich erleichtert fühlen, weil Sie eine Lösung gefunden haben. Sieben Monate später, wenn Sie sich bei der Vorbereitung eines Malkurses die Nacht um die Ohren schlagen, nachdem Sie die Kinder ins Bett gebracht haben, und Ihr Mann währenddessen seine Freizeit mit dem Zocken von Call of Duty verbringt, könnten Sie ihm den Hals umdrehen.

Und dann müssen Sie Abstand gewinnen. Konzentrieren Sie sich darauf, wie er Sie im Alltag unterstützt, nicht nur im Zusammenhang mit dem Geschäft. Kümmert er sich um den Haushalt? Holt er die Kinder vom Fußballtraining ab, während Sie Ihre virtuellen Kurse halten? Hilft er ihnen bei den Hausaufgaben, während Sie das Unternehmen führen?

Selbst wenn er nicht unmittelbar in die Geschäftsführung eingebunden ist, könnte er es Ihnen auf anderem Wege ermöglichen, erfolgreich zu sein.

Szenario 35:

Sie sind 15 Jahre alt und nehmen etwa 1.400 US-Dollar die Woche mit dem Handel von Sport-Sammelkarten ein. Zwar sind Sie ein Einserschüler, aber allmählich werden Ihre Noten schlechter. Ihr Interesse am Lacrosse hat auch nachgelassen, obwohl Sie frisch in die Mannschaft der Schulauswahl für die Elitehochschulen gekommen sind. Ihr neuer Fimmel für Sportkarten hält

Sie bis tief in die Nacht wach und Sie verbringen lieber Ihre Zeit mit dem Handeln, anstatt zu lernen, Lacrosse zu spielen oder gelegentlich der Realität mit Spielen wie Fortnite zu entfliehen. Was also tun?

Dieses Szenario macht mir Spaß! So viele Kids sprechen mich an, die in ähnlichen Situationen stecken und Angst haben, dass sie ihre Zukunft ruinieren. Irgendwann in der siebten bis neunten Klasse wurde ein Konzept entworfen: *Ich bin ein außergewöhnlicher Lacrosse-Spieler und das ist mein Lebensweg* oder *Ich bin ein außergewöhnlicher Schüler und so werde ich es zu etwas bringen.*

Im Normalfall resultiert so etwas aus einer Familiendynamik heraus, die einerseits gesund, andererseits aber auch ungesund sein kann. Einige Eltern sehen ihren 15-jährigen Sprössling als ein Produkt an. Sie sagen: „Das ist meine Tochter, die nach Harvard geht" oder „Das ist mein Sohn, der Lacrosse-Spieler".

Je nachdem, womit die Eltern ihren Lebensunterhalt verdienen, können sie verschiedene unterbewusste Pläne für ihre Kinder haben. Sind die Eltern Unternehmer, sind sie möglicherweise mit ihrem mit Karten handelnden Kind zufrieden. Als Akademiker oder Führungskräfte fühlen sie sich damit vielleicht unwohl.

Ich würde dem Kind in diesem Fall Folgendes sagen:

Hab Verständnis für dich selbst. Es ist okay, sich so zu fühlen. Vielleicht bist du im Grunde ein Unternehmer oder hast unternehmerische Tendenzen. Wie dem auch sei, zeige Mitgefühl für deine Eltern. Sie hatten eine Idee, was du werden solltest, und du verbockst es gerade. Du musst empathisch sein, damit du ihre Kritik und etwaige Versuche, die Situation zu manipulieren, aufnehmen kannst. Beispielsweise könnten sie sagen: „Wir geben dir 1.400 US-Dollar die Woche. Mach dir keine Sorgen wegen der Karten." Du musst Verantwortung und Selbstbewusstsein zeigen und dir klarmachen, dass das nur zu einem verwöhnten Leben führen wird. Lass das nicht zu.

Das Ansehen, das du dir verdienst, ist sehr viel mehr wert als das Geld. Konzentriere dich darauf, Geduld und Überzeugung aufzubringen. Einstweilen musst du damit leben können, anstelle von Einsern Zweier zu schreiben.

Gleichzeitig kann es sein, dass diese Sportkarten-Phase nach zwölf Monaten ausgestanden ist, wenn du in die zehnte Klasse kommst. Möglich, dass du dann härter daran arbeiten musst, deine Noten zu verbessern, die du mit 15 in den Sand gesetzt hast. Du müsstest überzeugt sein, dass du auf einen ordentlichen Schnitt kommen kannst, wenn du im zweiten Halbjahr deine Anstrengungen verdoppelst, sobald dir die Sportkarten egal geworden sind. Entschärfe die Angst, die dazugehört, wenn man zwischen zwei Möglichkeiten wählen soll. Du triffst keine Wahl zwischen deinen Noten oder den Sportkarten. Du entscheidest dich kurzfristig für etwas. Kannst aber durchaus wieder aufholen.

Ein gutes Beispiel ist meine körperliche Konstitution. Als 20- und 30-Jähriger hinkte ich hinter allen anderen hinterher. Doch eine über sieben Jahre dauernde konsequente Umsetzung mit einem Personal Trainer hat es mir ermöglicht, aufzuschließen. Vielleicht nicht vollständig, wenn ich bedenke, wo ich stünde, hätte ich seit meinen frühen Zwanzigern hart trainiert. Damit will ich sagen, die Menschen fürchten sich davor, eine Wahl zu treffen, dabei ist die Entscheidung nicht endgültig. Sie ist kein Entweder-oder. Du kannst beides tun.

Wenn sich deine Mitschüler über dich lustig machen, weil du beim Lacrosse schlechter wirst und deine Noten absacken, kannst du eine Kombination aus Demut, Überzeugung, Selbstbewusstsein und Verantwortung hinzuziehen, um damit klarzukommen. Du bist derjenige, der mit Sammelkarten handeln wollte. Du bist derjenige, der seinen Überzeugungen gefolgt ist und die Entscheidung traf, andere Lebensbereiche vorerst zu vernachlässigen. Selbst wenn deine Sportkartenphase deine Möglichkeiten, auf einem Top-College Lacrosse zu spielen, abwürgt, während deine Freunde angeworben werden, mach dir klar, dass das keine Zeit-

verschwendung war. Und auch nicht das Schlimmste, was dir je passiert ist.

Wenn sich deine Ziele im Junior Year verändern – verglichen mit den Zielen, die du als 15-Jähriger hattest –, verstehst du vielleicht besser, wie wertvoll die Lektionen waren, die du in deiner Sportkartenzeit lernen konntest. Als Junior oder Senior magst du vielleicht wütend auf dich sein, weil du die zehnte Klasse auf dem Papier vermasselt hast. Aber wenn du 25 bist und in ein Start-up einsteigst, werden die Fähigkeiten, die du dir zwischen 15 und 16 angeeignet hast, zum Tragen kommen. Geduld.

Betrachte dein Leben auf einem Zeitstrahl von 100 Jahren, nicht 100 Tagen.

Jetzt sind Sie an der Reihe. Posten Sie ein Video auf der Social-Media-Plattform Ihrer Wahl, in dem Sie die größte berufliche Herausforderung Ihres Lebens beschreiben, wie Sie damals damit umgegangen sind und wie Sie die Situation heute handhaben würden. Vergessen Sie nicht den Hashtag #ScenariosGaryVee, wenn Sie es posten.

TEIL DREI

ÜBUNGEN

Bevor Sie diese Zutaten in Ihren eigenen Lebenssituationen richtig kombinieren können, müssen Sie jede einzelne individuell entwickeln. Im Folgenden finden Sie eine Handvoll Übungen, die Sie als Ausgangspunkt nutzen können, um Ihre emotionale Kompetenz aufzubauen und Ihre Hälften zu verbessern. Sie finden Übungen zu jeder im ersten Teil aufgeführten Zutat, auch der freundlichen Offenheit.

Manche dieser Übungen werden Ihnen einfach erscheinen, andere etwas anspruchsvoller.

DANKBARKEIT

Schalten Sie die Selfie-Kamera Ihres Handys ein und zeichnen Sie ein Video auf, in dem Sie in etwa Folgendes sagen:

Ich mache dieses Video, um dir fünf Dinge mitzuteilen, die mir das Wichtigste auf der Welt sind. Für diese Dinge bin ich von Herzen dankbar. Bitte schicke dieses Video jedes Mal an mich, wenn ich mich über etwas Unbedeutendes beschwere.

Dann schicken Sie das Video an die 5 bis 15 Personen, mit denen Sie am häufigsten in Kontakt sind.

Ich möchte Sie dazu verpflichten, die Gesundheit und das Wohlergehen Ihrer Familie wichtig zu nehmen – vor allen anderen Dingen. Wenn die Dankbarkeit darauf basiert, werden Sie erkennen, wie einfach es ist, die beruflichen Herausforderungen zu meistern.

SELBSTBEWUSSTSEIN

Ich möchte, dass Sie für diese Aufgabe einige Fragen zu sich selbst beantworten und auch dazu, wie Sie im Allgemeinen in unterschiedlichsten Situationen im Beruf und im Privaten reagieren. Diese Fragen schicken Sie dann über ein anonymes Google-Formular an die zehn Ihnen sowohl beruflich als auch privat am nächsten stehenden Personen, die das ausfüllen können.

Auf diesem Wege bekommen Sie einen Eindruck von Ihrer Selbstwahrnehmung und wie sich diese im Vergleich zur Fremdwahrnehmung verhält. Auf garyvee.com/selfawareness finden Sie eine ausführliche Anleitung (einschließlich der Fragen und Informationen zum Einrichten des Google-Formulars).

VERANTWORTUNG

Denken Sie an eine Situation in jüngerer Vergangenheit, in der Sie jemandem die Schuld für etwas gegeben haben, das eigentlich Ihr Fehler war.

Posten Sie ein Video oder ein Foto auf der Social-Media-Plattform, wo Sie die meisten Follower haben, und bitten Sie um Verzeihung. Verwenden Sie den Hashtag #AccountabilityGaryVee. Ich werde durchscrollen und so vielen wie ich kann ein Herzchen hinterlassen!

OPTIMISMUS

Öffnen Sie Ihre Handykontakte und suchen Sie sich die fünf Personen aus Ihrem Adressbuch aus, die Ihrer Meinung nach am optimistischsten sind.

Schreiben Sie ihnen eine Nachricht und bitten Sie diejenigen um ein 15-minütiges Gespräch. Fragen Sie, warum sie so optimistisch sind. Bitten Sie um konkrete Beispiele.

Ich glaube, je mehr man andere Menschen über Optimismus reden hört, desto mehr kann man seinen eigenen Kontext und sein eigenes Verständnis davon formulieren. Viele Fertigkeiten habe ich geschärft, indem ich mich mit Menschen umgeben habe, die in diesen Bereichen ihre Stärken haben.

PS: Diese Übung könnte auch zu einem Gespräch mit jemandem führen, von dem Sie lange nicht mehr gehört haben. Und das allein ist schon schön.

Rufen Sie ein enges Familienmitglied und einen guten Freund von der Arbeit an.

Stellen Sie folgende Fragen: „Wenn du an unsere Beziehung in den letzten Jahren denkst: Kannst du mir ein Beispiel für eine Reaktion meinerseits nennen, die dir während einer schweren Zeit überhaupt nicht weitergeholfen hat? Gab es eine Zeit, in der meine Reaktion auf ein Ereignis deinen Stress beziehungsweise deine Angst sogar noch geschürt hat? Erzähl doch mal."

Sie werden von einer Zeit hören, in der ein anderer Mensch verletzt wurde, weil Sie sich nicht in ihn hineinversetzen konnten und eher auf sich selbst fokussiert waren, anstatt auf die andere Person.

FREUNDLICHKEIT

Versuchen Sie, einen Teil Ihrer Zeit und Ihres Geldes für Gutes aufzuwenden:

1. Besuchen Sie die Seite GoFundMe.com und spenden Sie das, was Sie sich leisten können, an eine Sache, die Ihr Herz berührt.

2. Spenden Sie Ihre Zeit und Ihre Fähigkeiten. Dieser Herausforderung werde auch ich mich stellen. Wenn Sie das Glück hatten, großen wirtschaftlichen Erfolg zu realisieren, ist es einfach, 1.000, 10.000 oder gar 100.000 US-Dollar an eine Wohltätigkeitsorganisation zu spenden. Deshalb habe ich immer das Gefühl, dass meine gütigsten Handlungen immer die gelegentlichen einstündigen Gespräche sind, die ich mit Menschen führe. Auch wenn ich nach wie vor Geld spende, ist meine Zeit das Wertvollste, das ich geben kann.

Was Freundlichkeit bedeutet, orientiert sich an den Vorstellungen des Empfängers, nicht an Ihren.

FREUNDLICHE OFFENHEIT

Tatsächlich war in diesem Buch die freundliche Offenheit die schwierigste Zutat für mich. Es ist weiterhin eine halbe und nicht mal annähernd eine ganze Zutat.

Bei dieser Übung denken Sie an jemanden in Ihrem Leben, mit dem Sie mit freundlicher Offenheit sprechen müssen. Schreiben Sie eine E-Mail, als würden Sie mit ihm oder ihr persönlich sprechen, und schicken Sie diese Mail an kindcandor@veefriends.com.

HARTNÄCKIGKEIT

Gehen Sie gleich jetzt auf Youtube, suchen Sie nach „Liegestütze richtig machen" und sehen Sie sich ein Video an, um das zu lernen. Im Anschluss machen Sie so viele Liegestütze, wie Sie am Stück schaffen, und posten davon ein Video auf der Social-Media-Plattform Ihrer Wahl.

Ich möchte, dass Sie jeden Tag Liegestütze machen – 55 Tage lang. Am 55. Tag drehen Sie ein weiteres Video und berichten, wie viele Liegestütze Sie dann schaffen. Wenn Sie es hochladen, vergessen Sie den Hashtag #GaryVee55Days nicht, damit ich es finden kann!

Körper und Geist sind meines Erachtens eng miteinander verknüpft, sodass körperliches Training enorme Auswirkungen auf Ihre psychische Verfassung haben kann.

NEUGIER

Posten Sie auf der Social-Media-Plattform Ihrer Wahl ein Video, in dem Sie Ihren Followern sagen, dass Sie sich auf einer Mission zum Thema Neugier befinden. Bitten Sie um Wikipedia-Artikel oder Youtube-Links zu Themen, für die Ihre Follower brennen, diese aber davon ausgehen, dass Sie nichts über dieses Thema wissen. Verwenden Sie den Hashtag #CuriosityGaryVee.

Setzen Sie 20 Stunden für das Lesen, Hören oder Ansehen von Videos zu Themenbereichen an, die Sie bislang nicht in Erwägung gezogen haben, und zwar auf Empfehlung von Leuten, die Ihnen irgendwie nahestehen. Bekennen Sie sich zur Neugier, selbst wenn das heißt, dass Sie etwas lernen, das nicht sonderlich interessant ist. Eine dezente Anregung könnte etwas auslösen, wovon Sie unerwartet profitieren.

1. Erstellen Sie anhand eines Kalenders (Google Calender oder eine andere App) einen Termin mit dem Titel „Du hast noch genug Zeit“. Stellen Sie es so ein, dass Sie die nächsten zehn Jahre alle sechs Monate um neun Uhr morgens daran erinnert werden.

2. Posten Sie positive Äußerungen zu Ihren Zielen in 10, 20 oder 30 Jahren auf Ihrem bevorzugten Social-Media-Kanal. Vermitteln Sie, wie aufregend Sie es finden, in mehreren Jahrzehnten immer noch auf Ihrem Weg zu sein. Verwenden Sie den Hashtag #PatienceGaryVee.

Ich spreche oft darüber, dass ich in meinen Siebzigern ein richtiger „Original Gangsta“ sein werde oder dass ich mit meinen 46 Jahren gerade erst durchstarte. Diese Anekdoten, so sage ich mir, entwerfen eine schöne Geschichte über Geduld. Ich sehe mich nicht mit 80 Jahren krank in einem Altenheim sitzen. Vielmehr sehe ich mich, wie ich mit 80 noch einen Vortrag halte, in die frischen Gesichter des Publikums sehe und noch genauso neugierig darüber spekulieren werde, was sie denken, wie es gegenwärtig der Fall ist.

ÜBERZEUGUNG

Notieren Sie eine feste Überzeugung, an der Sie im Laufe der Zeit immer wieder festgehalten haben:

____

____

Notieren Sie eine Überzeugung, von der Sie wieder abgekommen sind:

____

____

Was haben Sie durch diese Aufgabe zum Thema Überzeugung gelernt? Drehen Sie ein kurzes Video zu Ihren Gedanken, posten Sie es auf der bevorzugten Social-Media-Plattform und setzen Sie den Hashtag #ConvictionGaryVee drunter.

Schreiben Sie fünf Minuten lang alles auf, was Sie nicht gut können. Dann schneiden Sie diese Seite aus. Hängen Sie die Liste an Ihren Kühlschrank oder eingerahmt in Ihr Schlafzimmer oder neben den Spiegel. Ich möchte, dass Sie jeden Tag draufsehen. Wenn Sie mit dem Schreiben fertig sind, machen Sie ein Bild von der Seite und teilen dieses anschließend mit dem Hashtag #HumilityGaryVee in den sozialen Medien.

AMBITION

Ich möchte Sie auffordern, ein Selfie-Video aufzunehmen, in dem Sie von Ihrer größten Ambition im Leben sprechen. Posten Sie es unter dem Hashtag #AmbitionGaryVee in den Sozialen Medien.

Mit dieser Übung möchte ich, dass Sie Verantwortung für Ihre Ambition übernehmen. Indem Sie sich in eine angreifbare Position bringen – in der sich andere über Sie lustig machen können, wenn Sie Ihr Ziel nicht erreichen–, können Sie daran arbeiten, für ein derartiges Urteil mental nicht verwundbar zu sein.

FAZIT

Wenn Sie diese zwölfeinhalb Zutaten mit dem Ihnen möglichen Potenzial entwickeln, kann es sein, dass eine Arbeitszeit von neun bis fünf Uhr zu viel ist. Ernsthaft.

Während Sie freundliche Offenheit, Dankbarkeit, Selbstbewusstsein, Verantwortung, Optimismus, Empathie, Freundlichkeit, Hartnäckigkeit, Neugier, Geduld, Überzeugung, Demut und Ambition entwickeln, beginnen Sie, mit möglichst geringen Reibungsverlusten zu arbeiten. Ihre Kollegen fühlen sich sicher, glücklich und entspannt in Ihrer Nähe, was die Umsetzung beschleunigt.

Wenn diese Eigenschaften richtig in einer Organisation verinnerlicht werden, müssen Teammitglieder nicht mehr 30 Minuten für eine eigentlich siebenminütige Besprechung aufwenden. Sie müssen nicht mehr acht weitere Leute wegen etwaiger Unsicherheiten oder Bürointrigen einladen. Diejenigen, die am Meeting teilnehmen müssen, sind anwesend. Die anderen können sich auf ihre Aufgaben konzentrieren, und die Projekte kommen schneller voran.

Indem Sie die Verantwortung für Ihre Handlungen übernehmen, können Sie die zwei Wochen dauernde Spirale von Schuldzuweisungen wegen einer falschen Geschäftsentscheidung überspringen. Selbstbewusst können Sie sich auf Ihre Stärken konzentrieren, anstatt Ihr Leben damit zu verbringen, Ihre Schwächen abzuhaken.

Indem man Dankbarkeit übt, kann man die Zeit einschränken, die man über Fehler brütet. Empathie, Freundlichkeit und Demut helfen Ihnen dabei, ruhig zu bleiben, wenn unsichere Menschen Sie nach unten ziehen wollen. Mit Optimismus, Neugier und Geduld können Sie mit Vertrauen führen und skalieren. Mit freundlicher Offenheit können Sie Feedback kommunizieren, bevor Ärger entsteht. All diese Faktoren werden Sie dabei unterstützen, mit Hartnäckigkeit und Überzeugung zu handeln und sich Ihren Zielen anzunähern.

Das Gute ist, selbst wenn Ihr Job eigentlich keine 40 Stunden die Woche umfasst, werden Sie sich dabei erwischen, dass Sie um 20 Uhr noch immer im Büro sitzen, weil es so viel Spaß macht. Eine starke emotionale Struktur führt im Geschäft und im Privaten zu Schnelligkeit. Indem man diese Zutaten angemessen kombiniert, können Sie sich entwickeln, ohne dass Ihre Ängste jeden Schritt hemmen.

Als Raghav mir die Zutaten vorlas, um meine erste Meinung zu den Begriffen in Teil 1 einzuholen, reagierte ich immer sofort mit „Das ist es. Diese Eigenschaft ist die Grundlage für den Erfolg."

Das erinnerte mich daran, dass jede einzelne von mir aufgeführte Eigenschaft wesentlich ist und dass alle voneinander abhängig sind. Keine kann isoliert funktionieren. Mit den Szenarien in Teil II habe ich nach besten Kräften versucht, durchzudenken, wie sie in realen Situationen wirken könnten, die wir alle erleben. Es ist die Kombination, die zum Erfolg führen wird. Sie sind der Küchenchef.

In meinem Content habe ich immer Hartnäckigkeit hervorgehoben, weil das für die meisten Menschen die am besten zu kontrollierende Variable darstellt. Oftmals stellt es eine größere Herausforderung dar, empathisch, bescheiden oder selbstbewusst zu werden. Diese Zutaten zu entwickeln bedarf viel Übung, wenn man sie nicht von Natur aus besitzt. Die Übungen in Teil III sind nur ein Ansatzpunkt. Vielleicht müssen Sie Ihre Kindheit analysieren, vielleicht sogar eine Therapie in Anspruch nehmen. Dass es mir an Offenheit mangelt, weiß ich seit über 20 Jahren. Aber jetzt, mit Mitte 40 bin ich dabei, sie zu entwickeln. Das alles braucht Zeit.

Für die meisten ist es einfacher und schneller, ein paar Überstunden abzuleisten, um Ihre Ambitionen zu erreichen. Wenn die Hartnäckigkeit jedoch aus dem Gleichgewicht gerät, ist das kontraproduktiv, denn sie kann zu Erschöpfung, Burn-out und Schlafmangel führen. Die perfekten Begleiter sind Selbstbewusstsein und Überzeugung.

Sobald Sie diese Eigenschaften am Arbeitsplatz anwenden, dürften Sie damit beginnen, sie auch außerhalb anzuwenden. Und mit einem Mal fällt Ihnen auf, dass Sie etwas nicht gekauft haben, das Sie sowieso nicht gebraucht hätten. Weil Sie geduldig sind. Wenn der Nachbarshund über Ihren Garten läuft und einen Haufen setzt, machen Sie mit freundlicher Offenheit einen Witz darüber und verbünden sich mit Ihrem Nachbarn, anstatt zu streiten.

Stellen Sie sich die typische Reaktion auf diese klassische amerikanische Geschichte vor. Unglückliche Leute verschlimmern ihr eigenes Unglück, indem sie den Nachbarn anschreien, weil der Hund nicht angeleint ist. Die Beziehung wird belastet und jedes Mal, wenn sie sich im Garten sehen, ist es unangenehm. Und für was das alles? Weil der Nachbar nach einem langen Arbeitstag nach Hause kam und vergaß, den Hund an die Leine zu nehmen?

Das gesamte Buch hätte aus einer einzigen Zeile bestehen können: „Sind Sie unsicher?" Ich habe mich bemüht, Ihnen einen Spiegel vorzuhalten und Ihnen diese eine Frage durch praxisorientierte Szenarien und Übungen auf unterschiedliche Art und Weise zu stellen.

Sie sehen, warum ich den übelsten Leuten die größtmögliche Empathie und Freundlichkeit entgegenbringe. Durch ihr mieses Verhalten tragen sie zu ihrer eigenen Unzufriedenheit bei. Es handelt sich um gebrochene, unsichere Menschen, die oft die eigene Unzufriedenheit auf eine andere Person übertragen, die ebenso unglücklich ist, und dann streiten sich beide. Das kommt in vielen Unternehmen vor, und genau das möchte ich mit diesem Buch verändern.

Ich habe festgestellt, dass das Business gelegentlich verteufelt wird. Dann und wann sieht die Gesellschaft Geschäftsleute als das Gegenteil dieser zwölfeinhalb Zutaten. Es bekümmert mich, dass man Führungskräfte für egoistisch hält, für Menschen, die andere ausnutzen und ihren Erfolg als Ausrede einsetzen, wenn sie alle um sie herum schäbig behandeln. Tatsächlich ist das der Grund, weshalb die meisten Kunden nur mit Mühe Unternehmen vertrauen. Wenn ich meine Bekanntheit einsetzen und den jetzigen Moment dazu nutzen kann, um die Darstellung von Unternehmen zu ändern, kann ich vieles verändern.

Einige, die diesen Satz jetzt lesen, sind bereit, ihre Jobs aufzugeben, und das dürfte sich als das Beste erweisen, was sie je getan haben. Andere legen im diesem Moment ihre Unsicherheiten frei und dürften morgen, wenn sie ins Büro kommen, etwas bescheidener sein. Und wieder andere stehen kurz davor, die nächsten sieben Jahre in Folge befördert zu werden, weil sie erkannt haben, dass sie Nörgler waren, nun aber mehr Verantwortung übernehmen wollen.

Aber das Beste ist, dass sich ihr Leben von nun an leichter anfühlen wird.

In der Gesellschaft existieren verschiedene Formen von Privilegien, das ultimative Privileg ist jedoch der Seelenfrieden. Und ich hoffe, das Buch hilft Ihnen, den zu erreichen.

DIE INSPIRATION ZU DIESEM BUCH

Der zeitliche Abstand zwischen dem vorliegenden Buch und „Crushing it!" war für mich als Autor doch recht groß, weil ich das Gefühl hatte, dass mein nächstes Buch das Zeug dazu haben würde, Denkprozesse in Gang zu bringen. Und tiefgründiger sein konnte als alles, was ich bislang geschrieben hatte. Ich konnte es regelrecht spüren.

Dabei zog ich jede Menge verschiedene Themen in Betracht. Wenn Sie meinen Social-Media-Content genau verfolgen, wissen Sie, dass ich sehr gern einen Erziehungsratgeber aus der Perspektive eines Kindes schreiben würde, das total zufrieden mit seinen Eltern ist. Außerdem denke ich nach wie vor über ein Buch mit dem Titel „Jab Jab Jab, Left Hook" nach, also die Fortsetzung für „Jab Jab Jab,

Right Hook" („Hau rein! Erfüll Dir Deinen Traum und werde Unternehmer"). Das Konzept des Contextual Targetings für Plattformen ist wie eh und je ein ungeheuer wichtiges Thema, da soziale Netzwerke wie TikTok und Clubhouse entstehen und sich Dienste wie LinkedIn und Snapchat weiterentwickeln.

Als ich an der University of South California (USC) war, traf ich Mikey Ahdoot, einen jungen Mann mit jeder Menge Leidenschaft und Begeisterung, den ich instinktiv gut fand. Ich habe bereits viele energische Menschen getroffen, die mir schon zahlreiche Ideen vorgestellt haben, und ich hatte nicht immer ein gutes Gefühl dabei. Denn meist treibt sie Eigennutz an, was grundsätzlich in Ordnung geht. Aber Eigennutz allein reicht eben nicht aus. In diesem Fall sah ich mehr dahinter.

Sie sollten sich Mikeys Unternehmen Habit Nest genauer ansehen. Es stellt Ratgeber-Tagebücher her, die Menschen dabei unterstützen, bessere Gewohnheiten zu entwickeln. Der erste Vorschlag von Habit Nest lautete, dass wir ein GaryVee-Tagebuch brauchen, um einige der von mir beschriebenen komplexeren Konzepte geschickter aufzuschlüsseln. Die Idee, für mein Publikum ein Tagebuch oder einen Leitfaden zu entwerfen, war faszinierend und eine gute Ergänzung zu meinem anderen Content.

Mit den Jahren habe ich festgestellt, dass sich meine Projekte in zwei Kategorien aufteilen lassen:

1. Projekte, die rasch von der Idee bis zur Herstellung reifen. Die Entwicklung von der Idee bis hin zur Herstellung kann manchmal sogar für große Projekte wie meinen K-Swiss-Deal, mein erstes Buch, die The #AskGaryVee Show oder Overrated/Underrated ziemlich schnell vonstattengehen.

2. Projekte, die ich durcharbeiten muss. Die Idee für WineText zum Beispiel spukte lange in meinem Kopf herum, bevor ich es für meinen Vater umsetzte.

Dieses Buch gehört zur zweiten Kategorie. Mit dem Team GaryVee erarbeitete Habit Nest im Verlauf der Jahre mehrere erste Entwürfe und leistete einige wichtige Beiträge. Als ich aber gemeinsam mit Raghav daran arbeitete, entwickelte es sich zu einem völlig anderen Buch; zu einem, das die emotionale Intelligenz abbilden will, die meines Erachtens notwendig ist, um geschäftlich im nächsten Jahrhundert auf der Erfolgsspur zu sein. Die in diesem Buch vorgestellten Konzepte dürften zu einem enormen Dialog in der Kultur führen.

Ich wollte, dass Mikey und Habit Nest für ihren Beitrag zu diesem Projekt Anerkennung erfahren.

DANKSAGUNGEN

Zunächst möchte ich meiner Familie danken, die mir mehr bedeutet als die Luft zum Atmen.

Als Zweites geht mein Dank an Raghav Haran, meinem Verfasser für dieses Buch, meinem Mitarbeiter und meiner rechten Hand während des gesamten Herstellungsprozesses. Ohne ihn wäre das Buch nie zu dem geworden, was es ist.

Mein Dank geht auch an Mikey Ahdoot, Habit Nest und alle im Team GaryVee, die einen Beitrag dazu geleistet haben.

Zu guter Letzt danke ich Hollis Heimbouch und dem gesamten Team bei HarperCollins, die – wieder einmal – echte Partner bei der Veröffentlichung dieses Buches gewesen sind.

Anmerkungen

Teil 1

1 „Gratitude“ Lexico, Oxford Dictionaries, https://www.lexico.com/en/definition/gratitude.

2 WHO Global Water, Sanitation and Hygiene Annual Report 2019 (Genf: World Health Organization, 2020), https://www.who.int/publications/i/item/9789240013391.

3 Zoë Roller u. a., Closing the Water Access Gap in the United States: A National Action Plan (Oakland, Kalifornien: US Water Alliance; Los Angeles, Kalifornien: Dig Deep, 2019), http://uswateralliance.org/sites/uswateralliance.org/files/publications/Closing%20the%20Water%20Access%20Gap%20in%20the%20United%20States_DIGITAL.pdf.

4 Cindy Holleman, Hrsg., The State of Food Security and Nutrition in the World: Safeguarding against Economic Slowdowns and Downturns (Rom: Food and Agriculture Organization, 2019), https://www.fao.org/3/ca5162en/ca5162en.pdf.

5 Walk Free Foundation, Global Slavery Index 2018, „Highlights“ (Perth, Westaustralien: Walk Free Foundation, 2018), https://www.globalslaveryindex.org/2018/findings/highlights.

6 „7 Fast Facts about Toilets“, UNICEF, 19. November 2018, https://www.unicef.org/stories/7-fast-facts-about-toilets.

7 Joseph Johnson, „Global Digital Population as of January 2021“, Statista, Hamburg, 7. April 2021, https://www.statista.com/statistics/617136/digital-population-worldwide.

8 „21 Million Americans Still Lack Broadband Connectivity“, Pew Charitable Trusts, Philadelphia, Juni 2019, https://www.pewtrusts.org/-/media/assets/2019/07/broadbandresearchinitiative_factsheet_v2.pdf.

9 „Global Wage Calculator: Compare Your Salary“, CNN Business, 2017, https://money.cnn.com/interactive/news/economy/davos/global-wage-calculator/index.html.

10 Thalif Deen, „Women Spend 40 Billion Hours Collecting Water“, Global Policy Forum, New York, 31. August 2012, https://archive.globalpolicy.org/component/content/article/218/51875-women-spend-40-billion-hours-collecting-water.html?itemid=id#:~:text=In%20Sub%2DSaharan%20Africa%2C%2071,40%20billion%20hours%20per%20year.

11 Aaron O'Neill, „Life Expectancy (from Birth) in the United States, from 1860 to 2020“, Statista, Hamburg, 3. Februar 2021, https://www.statista.com/statistics/1040079/life-expectancy-united-states-all-time/#:~:text=Life%20expectancy%20in%20the%20United%20States%2C%201860%2D2020&text=Over%20the%20past%20160%20years,to%2078.9%20years%20in%202020.

12 „Complacency“, Lexico, Oxford Dictionaries, https://www.lexico.com/en/definition/complacency.

13 „Self-Awareness“, Lexico, Oxford Dictionaries, https://www.lexico.com/en/definition/self-awareness.

14 „Accountability“, Lexico, Oxford Dictionaries, https://www.lexico.com/en/definition/accountability.

15 „Optimism“, Lexico, Oxford Dictionaries, https://www.lexico.com/en/definition/optimism.

16 „Delusion“, Lexico, Oxford Dictionaries, https://www.lexico.com/en/definition/delusion.

17 „Pessimism“, Lexico, Oxford Dictionaries, https://www.lexico.com/en/definition/pessimism.

18 „Empathy“, Lexico, Oxford Dictionaries, https://www.lexico.com/en/definition/empathy.

19 „Kindness“, Lexico, Oxford Dictionaries, https://www.lexico.com/en/definition/kindness.

20 „Pushover“, Lexico, Oxford Dictionaries, https://www.lexico.com/en/definition/pushover.

21 „Tenacity“, Lexico, Oxford Dictionaries, https://www.lexico.com/en/definition/tenacity.

22 „Curiosity“, Lexico, Oxford Dictionaries, https://www.lexico.com/en/definition/curiosity.

23 „Patience“ Lexico, Oxford Dictionaries, https://www.lexico.com/en/definition/patience.

24 „Conviction“, Lexico, Oxford Dictionaries, https://www.lexico.com/en/definition/conviction.

25 „Humility“, Lexico, Oxford Dictionaries, https://www.lexico.com/en/definition/humility.

26 „Ambition“, Lexico, Oxford Dictionaries, https://www.lexico.com/en/definition/ambition.

320 Seiten,
broschiert,
19,99 [D] / 20,60 [A]
ISBN: 978-3-86470-602-8

Gary Vaynerchuk:
Crushing it!

Sie wollen Social Media nutzen, um ein Unternehmen aufzubauen, um Ihre Ideen unter die Leute zu bringen, um zur Marke zu werden? Sie wissen aber nicht genau, wie Sie das anstellen und wo Sie anfangen sollen? Gary Vaynerchuk ist Ihr perfekter Ratgeber. Er zeigt Ihnen, wie Sie auf etablierten Plattformen wie Twitter, Facebook, Youtube und Instagram groß rauskommen, aber auch, wie Sie Spotify, Soundcloud und iTunes für Ihre Zwecke nutzen können. Erfahren Sie, wie Sie das volle Potenzial dieser Instrumente ausschöpfen, um sich oder Ihr Unternehmen angemessen zu präsentieren.